WORT
UND
WISSEN

Joachim Scheven

Karbonstudien

Neues Licht auf das Alter der Erde

hänssler

Neuhausen-Stuttgart

Veröffentlichung der Studiengemeinschaft WORT UND WISSEN e.V.

CIP-Kurztitelaufnahme der Deutschen Bibliothek
Scheven, Joachim:
Karbonstudien: neues Licht auf d. Alter d. Erde / Joachim Scheven. –
Neuhausen-Stuttgart: Hänssler, 1986.
(Wort und Wissen; 18)
ISBN 3-7751-1086-0
NE: GT

Umschlagfoto: Küste von Nova Scotia, der berühmten Fundstätte aufrecht stehender Steinkohlenbäume

Best.-Nr. 82912

Satz: Ebner Ulm
Druck und Bindung: Druckerei Schefenacker GmbH + Co. KG,
Esslingen

Inhalt

Vorwort

Auf Wunsch vieler Interessenten erscheinen die im FACTUM-Magazin 1979 und 1980 veröffentlichten »Karbonstudien 1–6« nun in Buchform. Die seit 150 Jahren gängige Interpretation der Steinkohlenablagerungen, z. B. des Ruhrkarbons, hat an dem erdgeschichtlichen Verständnis der heutigen Generation entscheidend mitgewirkt. Weil die Zeit der Steinkohlenentstehung für sich allein schon etwa 40 Millionen Jahre gedauert haben soll, wird dem in der Bibel geoffenbarten Verlauf der Erdgeschichte, der nur nach wenigen Jahrtausenden bemessen ist, keine Beachtung mehr geschenkt. Eine naturwissenschaftliche Tatsachenbeschreibung begeht jedoch keinen Fehler, wenn sie sich an die biblische Lehre von den Ursprüngen anlehnt. Dagegen hat die Anlehnung an eine jahrmillionenlange Entwicklungsgeschichte des Lebens auf der Erde die beschreibende Naturwissenschaft in eine verhängnisvolle Sackgasse geführt: Offenkundige Tatsachen müssen ignoriert, uminterpretiert oder verschwiegen werden, damit das atheistische Weltbild beibehalten werden kann. Die Theorie von der Entstehung der Steinkohlenflöze ist zwar hierfür nur ein Beispiel, jedoch eines, das auch für den Laien leicht zu verstehen ist.
Die vorliegende Materialsammlung über das Karbon ist kein Nachschlagewerk. Deshalb wurde auch auf ein Stichwortverzeichnis bewußt verzichtet. Fachworte sind dagegen im Anhang erklärt. Um den Anschein einer abwegigen persönlichen Deutung des Verfassers zu vermeiden, wurde aus der Karbon-Literatur der letzten 100 Jahre und darüber hinaus ausgiebig zitiert. Der Anspruch auf Vollständigkeit wird durchaus nicht erhoben. Letztlich dreht sich alles um die eine Frage: Wuchsen die Steinkohlenwälder an Ort und Stelle, oder wurden sie nachträglich dorthin transportiert? Der Zweck dieses Buches ist erreicht, wenn der Leser hierin zu einer eigenen Beurteilung gelangt.

Einführung

Von allen geologischen Ablagerungen verdient das produktive Karbon unstreitig das größte Interesse. Die Steinkohle – begehrte Energie- und Rohstoffquelle zugleich – ist dem Gestein in übereinanderfolgenden Flözen eingelagert, die unwillkürlich die Frage nach ihrer Entstehung aufwerfen. Das Auftreten vieler Vegetationsdecken übereinander ist ein Rätsel. Die Verschüttung unzersetzter Pflanzenmasse bei gleichzeitiger Ausschaltung des Kohlenstoffkreislaufs ist ein Rätsel. Die regelmäßige Wiederkehr bestimmter Gesteine im Verband mit der Kohle ist ein Rätsel. Diese Rätsel sind nie überzeugend gelöst worden. Was weiß man über die Ursachen, die an bestimmten Stellen unserer Erde tausende Meter von flözführenden Sedimenten angehäuft haben? Was weiß man über die Ökologie dieser seltsamen Karbonmoore? Sind die organischen Massen vielleicht nur zusammengeflößt worden? Können die Kohlenwälder überhaupt auf festem Boden gewachsen sein?

Die Frage, ob die Steinkohlenwälder jeweils an Ort und Stelle gewachsen sind oder am Ort ihrer Einbettung vom Wasser abgesetzt wurden, ist nicht nur von akademischem Interesse. Sind die Flöze *autochthon*, d. h. bodenständig gewachsen, und rechnet man pro Flöz mit einer durchschnittlichen Wachstumszeit von 1000 Jahren, dann ergeben sich für die Entstehung der 200–300 Flöze des nordwestdeutschen Steinkohlengebiets rund eine Viertelmillion Jahre. Dabei ist die Ablagerungszeit der Nebengesteine noch nicht mitgezählt. Sind die Torfmassen dagegen *allochthon*, d. h. durch Wasser verfrachtet worden, dann können alle Flöze ebensogut gleichaltrig sein. Dann dürfte auch zwischen der Einbettung des untersten und des letzten abschließenden Flözes nicht allzuviel Zeit verstrichen sein. Vielmehr müßte damit gerechnet werden, daß die heute allgemein herrschenden Vorstellungen von der Dauer der »Steinkohlenzeit« und damit der Erdgeschichte radikal falsch sind.

Aber nicht nur hinsichtlich unserer geologischen Zeitrechnung, sondern auch in bezug auf die Geschichte des Lebens ist das Karbon eine wichtige Informationsquelle. Keine andere Formation liefert in gedrängter aufsteigender Ordnung so viele fossilführende Horizonte, die sich für das Studium einer Evolution des Lebens anbieten. Auch enthält kaum eine andere Formation eine derartige Fülle von Pflanzenresten, die z. T. bis in die letzten Details ihrer Anatomie hinein erhalten sind. Das Karbon wäre das ideale Bilderbuch der Natur, um Evolution im Laufe der Erdgeschichte abrollen zu lassen. Darum bedeutet Kenntnis der Karbonfossilien mehr als eine bloße Erweiterung des Wissens. Sie ist geradezu notwendig, um zu Fragen der Evolution Stellung nehmen zu können.

Die Theorie der autochthonen Steinkohlenbildung wurde vor fast 150 Jahren von Autoritäten wie *Logan, Goeppert* und *Lyell* gegen wenig Widerstand durchgesetzt. Obwohl diese Theorie heute an praktisch allen Schulen und Hochschulen gelehrt wird, haben vergleichsweise wenige der mit der Weitergabe naturwissenschaftlicher Bildung betrauter Personen ein Steinkohlenflöz selber gesehen oder die Hand darauf gelegt. Vermutlich noch weniger haben sich mit dem überaus reichen Schrifttum zur Geologie und Paläontologie der Steinkohle so weit vertraut gemacht, um ein eigenes Urteil über die Entstehung der Flöze abgeben zu können. Dadurch hat sich eine tiefe Kluft zwischen der eingefahrenen akademischen Lehrmeinung und den neuen, aber oft nur schwer zugänglichen Entdeckungen intensiver Spezialistenarbeit aufgetan. Viele Vorstellungen über die Entstehung der Steinkohle stimmen nicht mehr mit den Resultaten der heutigen Karbonforschung überein und bedürfen dringend einer kritischen Besinnung.

1. Unhaltbare Zyklothemtheorien

Konkurrierende Definitionen

Ausgehend von der Tatsache, daß bestimmte Gesteine innerhalb des flözführenden Karbons mit einer gewissen Regelmäßigkeit wiederkehren, ist eine Anzahl von Modellen aufgestellt worden, um die Ablagerungsvorgänge der Flöze und ihrer Nebengesteine zu rekonstruieren. Eine periodisch auftretende Folge von Kohlenflözen und Zwischengesteinen wird seit *Wanless & Weller 1932* als *Zyklothem* bezeichnet. Das vollständig entwickelte *Wellersche* Zyklothem *(Weller 1957)* für Illinois besteht aus:

10 Oberer Schieferton
9 Oberer Kalkstein
8 Mittlerer Schieferton
7 Mittlerer Kalkstein
6 Unterer Schieferton
5 Kohle
4 Wurzelboden
3 Unterer Kalkstein
2 Sandiger Schieferton
1 Sandstein

Meistens sind aber nicht alle Schichtglieder in ein und demselben Profil ausgebildet. Da zwischen dem oberen Schieferton (10) und dem Sandstein (1) gewöhnlich eine Erosionsdiskordanz liegt, läßt *Weller* sein Zyklothem mit dem Sandstein beginnen (siehe Figur 1).

Für England hat *Trueman 1946* einen anderen Ablagerungsrhythmus vorgeschlagen. Er sieht den Beginn des neuen Zyklothems in Feinsedimenten einer Meerestransgression. Durch Aussüßung vom Festland her legen sich darauf brackische oder limnische Schiefertone und zuletzt fluviatile Sande. Hat das Sediment den Wasserspiegel erreicht, so bildet sich ein Wurzelboden mit seiner Vegetationsdecke, dem zukünftigen Flöz.

Nach *Jessen 1955* umfaßt ein Zyklothem dagegen eine Gesteinsserie, die vom Wurzelboden über Kohle und Schieferton

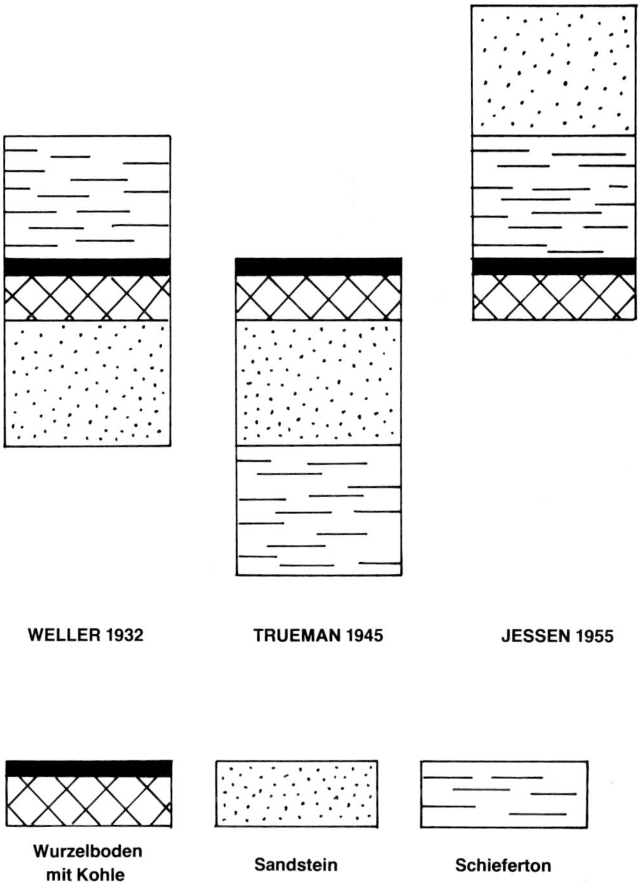

Fig. 1: *Vereinfachte Darstellung der Zyklothemkonzepte von WELLER 1932, TRUEMAN 1945 und JESSEN 1955.*

bis zum abschließenden Sandstein reicht. Für das Ruhrgebiet gilt diese Folge als die Regel. Trotz vieler lokaler Ausnahmen werden als durchschnittliche Mächtigkeit eines Zyklothems 9–20 m veranschlagt. Die Ablagerungsdauer einer solchen Zyklothemeinheit wurde von *Jessen* auf »wenige Jahrzehntausende« festgesetzt. In einer späteren Arbeit (1961) hat *Jessen* die Zyklothemwende ähnlich *Weller* an die Basis des Sandsteins verlegt.
Da sich die Gesteinsfolgen der drei vorgeschlagenen Modelle grundsätzlich gleichen und Auffassungsunterschiede nur hinsichtlich ihres Beginns bestehen, entspricht der Umschlag von einem Zyklus zum folgenden offenbar keinem echten Wendepunkt. Aus der Unstimmigkeit zwischen den drei Auffassungen kann vielmehr gefolgert werden, daß die Sedimentation der einzelnen Zyklen in Wirklichkeit ohne nennenswerte Unterbrechungen weiter verlaufen ist. Die lange Dauer jedes einzelnen Zyklothems von angeblich Jahrzehntausenden muß daher bezweifelt werden.

Vertikale Abweichung vom Regel-Zyklothem

Die Abweichungen vom regelmäßigen Aufbau eines Zyklothems sind überaus häufig, einwandfrei erkennbare Zyklen dagegen »eine recht seltene Ausnahme« *(Tasch 1957)*. Für die Abweichungen hat sich die Bezeichnung »unvollständige Zyklen« eingebürgert, ein Ausdruck, der insofern irreführend ist, als ein unvollständiger Kreisprozeß eben gar nicht als Zyklus bezeichnet werden kann.
Abweichungen von der Regel liegen dann vor, wenn der marine Horizont direkt im Liegenden oder direkt im Hangenden der Kohle erscheint, oder wenn marine und nicht-marine Horizonte wechsellagern. Aber selbst die Unterscheidung »marin« und »nicht-marin« ist unklar, weil die entsprechenden Fossilien gelegentlich in der gleichen Schicht liegen oder die ökologischen Bedürfnisse der miteinander vergesellschafteten Arten nicht eindeutig feststehen. Abweichungen sind ferner gegeben, wenn der ein Zyklothem begleitende Faunenrhythmus nicht mit dem Gesteinszyklus übereinstimmt, sondern ihn vertikal überlappt; oder wenn die gleichen Fossilien in verschiedenen

Gesteinstypen erscheinen. Ebenso bedeuten die weiter unten zu behandelnden Flözscharungen krasse Abweichungen von der Zyklothemregel. Alle diese Fälle sind in der Literatur im Überfluß belegt, so daß es unnötig ist, sie einzeln zu zitieren. Ein Zyklothem kann auch »kopfstehen«, wenn nämlich die Schichten der Regel zuwider in umgekehrter Reihenfolge abgelagert worden sind (Figur 2). Ferner kann die Grenze zwischen zwei normal ausgebildeten Zyklothemen durch einen gleitenden Übergang verwischt sein. Das Zyklothem verläuft sich dann buchstäblich im Sande (Figur 3).

Horizontale Abweichungen

Mit dem Begriff des Zyklothems verbindet sich die Vorstellung eines weiten seitlichen Aushaltens der einzelnen Schichten. Die Modelle von langzeitlicher Hebung, Pflanzenbesiedlung und anschließender Senkung der sedimentierten Schichten lassen sich nämlich nur auf große Flächen, d. h. in der Größenordnung von Hunderten von km^2 anwenden. Um so überraschender sind die Abweichungen von der für selbstverständlich gehaltenen weitflächigen Ausdehnung der Zyklotheme innerhalb weniger Kilometer.
Es wird ein Fall berichtet, wo das marine Schichtglied – ein Kalkstein – nach beiden Seiten in Wurzelboden und Kohle übergeht (Figur 4). In einem anderen Beispiel verzahnt sich das typische Anfangsglied eines *Wellerschen* Zyklothems, der Sandstein, seitlich mit Schieferton, der seinerseits übergangslos mit dem Schieferton des vermuteten Zyklothems im Liegenden eine Einheit bildet (Figur 5). Aus einer einzigen Abbauwand eines amerikanischen Tagebaus werden zwei übereinanderliegende Zyklotheme beschrieben, die an beiden Enden des Stoßes spurlos im Schieferton verschwinden (Figur 6). Aus Frankreich wird ein Fall mitgeteilt, wo über einem Kohlenflöz einmal limnische und an anderer Stelle marine Schichten abgelagert sind. Auch dieser Befund schließt eine regelhafte Hebung und Senkung während der Sedimentation aus.

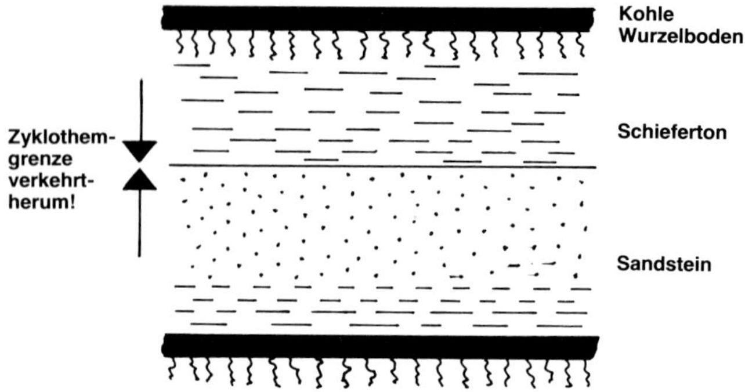

Fig. 2: *»Verkehrtherum« abgelagertes Zyklothem! (nach FERM 1975).*

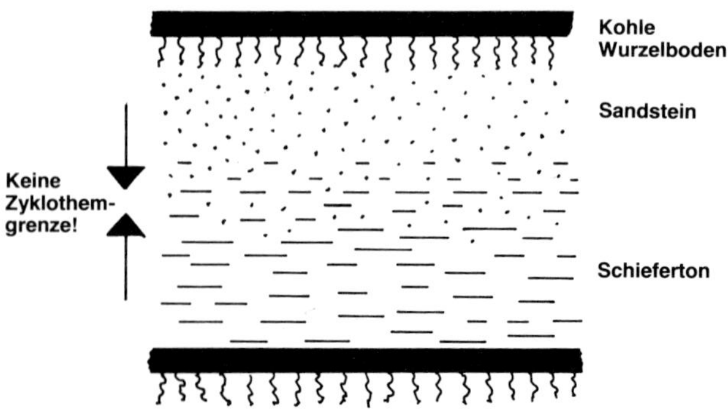

Fig. 3: *Gleitender Übergang statt Wendepunkt der Sedimentation bei neu beginnendem Zyklothem (nach FERM 1975).*

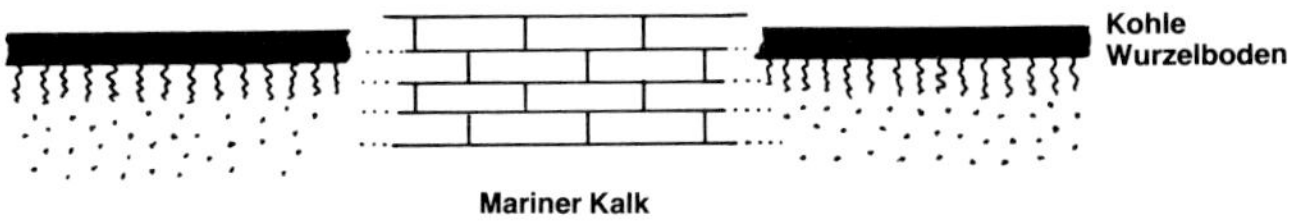

Fig. 4: *Einschaltung von marinem Kalk in das Kohlen-Glied eines Zyklothems (nach FERM 1975).*

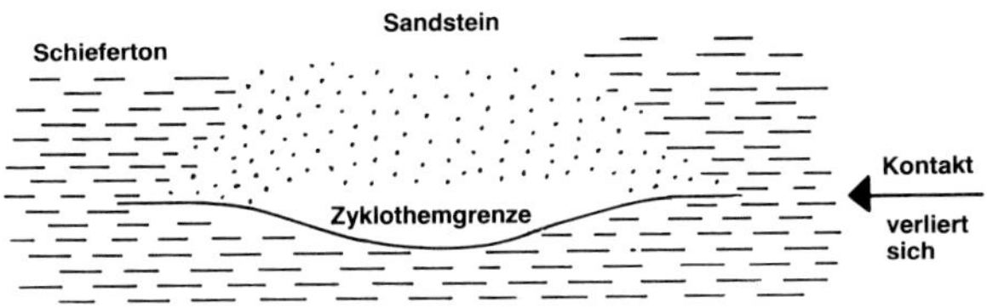

Fig. 5: *Sandstein zyklothem-artig in kontinuierlichen Schieferton eingebettet (nach FERM 1975).*

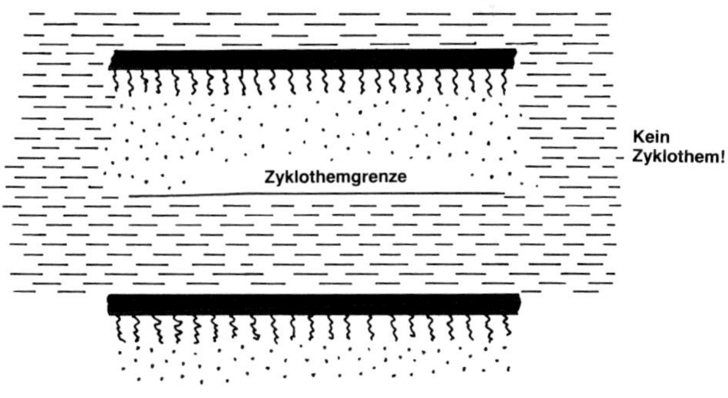

Fig. 6: *Vollständiges Zyklothem in kontinuierlichen Schieferton eingebettet (nach FERM 1975).*

Ergebnisse der Flözparallelisierung

Von seiten des Bergbaues besteht ein Interesse daran, die besonders unter Tage tektonisch gestörten Kohlenflöze beim Abbau wiederzuerkennen. Wenn die Flöze als Folge regelmäßiger zyklischer Vorgänge abgelagert worden sind, dann müssen sie sich trotz Faltung und Verwurf anhand von Richtprofilen in jeder benachbarten Schachtanlage auffinden lassen. Durch die Erstellung solcher Richtschnitte ist der Verlauf der Kohlenflöze in vielen Abbaugebieten inzwischen außerordentlich gut bekannt geworden.
Neben dem wirtschaftlichen Nutzen haben diese Arbeiten aber auch zu unerwarteten geologischen Erkenntnissen geführt. Der getrennte Verlauf der Flöze ist nicht etwa die Regel, sondern eine seltene Ausnahme. Die Mehrzahl aller Flöze spaltet irgendwann in zwei oder mehr Bänke auf. Man spricht in solchen Fällen von Flözscharung (Figur 7). Ein bereits geschartes Flöz kann sich auch über eine relativ kurze Entfernung mit dem nächsthöheren Flöz vereinigen. Ein derartiger Verlauf ist als »Z-Verbindung« bekannt (Figur 8). Das Zyklothemkonzept versagt an derartigen Beispielen endgültig. Solche Z-Verbindungen zwingen zu dem Schluß, daß die beiden parallelen Flöze zeitgleich sein müssen, d. h. daß die Bildung ihrer Pflanzenmasse wegen des verbindenden diagonalen Flözes in Wirklichkeit gleichzeitig erfolgte. Die die beiden Flöze trennenden Sedimente können deshalb nur kurzzeitige Schüttungen gewesen sein.
Auch die »Erfahrungen bei der Aufnahme von Flözstrukturen in britischen Kohlenfeldern haben gezeigt, daß nahezu jedes wichtige Flöz sich irgendwo mit einem anderen Flöz vereinigt oder in zwei oder mehr Flöze aufspaltet« *(Smith 1968)*. Auch die die Kohlen bisweilen durchziehenden Bergemittel wechseln in ihrer Dicke beträchtlich. »Manche Bänder behalten ihre Mächtigkeit über sehr ansehnliche Entfernungen; andere können sich dagegen rasch ausweiten, so daß innerhalb von einer Meile (1,6 km) nach ihrem ersten Erscheinen die beiden Kohlenblätter bereits durch 100 Fuß (30 m) Sediment getrennt sein können« (ebenda).
Ganz ähnlichen Verhältnissen begegnen wir auch in den USA. Die bauwürdigen Kohlenflöze der östlichen und zentralen

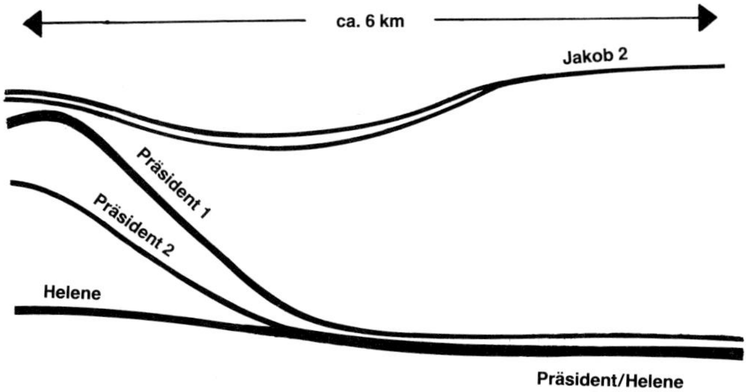

Fig. 7: *Flözspaltungen und -scharungen am linken Niederrhein (nach BACHMANN 1962).*

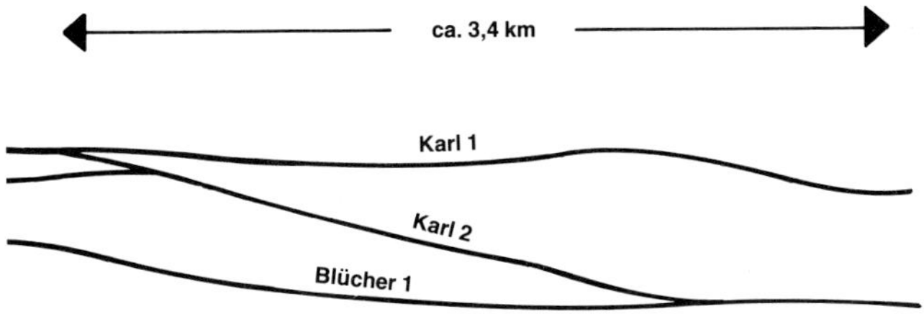

Fig. 8: *Z-Verbindungen im Raum Oberhausen-Duisburg (nach BACHMANN 1966).*

Staaten sind gering an Zahl, halten aber oft über viele hundert Kilometer aus. Nicht selten sind diese Flöze durch ein nur handbreites Bergemittel in Oberbank und Unterbank geschieden, welche lokal innerhalb weniger Kilometer zu einer 10 bis 20 m dicken Linse von Sandstein, Schieferton oder sogar Kalk anschwellen kann. Solche »clastic wedges« können sogar ein eigenes zusätzliches Kohlenflöz enthalten (Figur 9). Die Gegenwart dieser Sedimentlinsen »kompliziert das Problem der Zyklothemeinteilung, denn was in einem Gebiet als typisches Zyklothem erscheint, kann anderswo ohne weiteres in zwei, drei oder vier unterteilt werden« *(Wanless 1964)*.

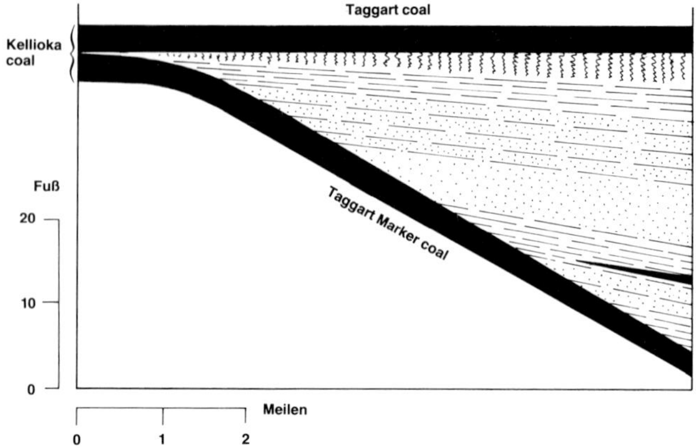

Fig. 9: *Verdickung des Bergemittels des Kellioka-Flözes zu einer ausgedehnten Sedimentlinse mit eigenem Flöz (nach WANLESS 1964).*

Widersprüchliche Erklärungen

So verschieden wie die Ausbildung der Zyklotheme vor Ort, sind auch die Erklärungen, die man für die Ursachen ihres Auftretens herangezogen hat.

Weller spricht von diastrophischen Bewegungen der Erdrinde, bei denen periodische Hebungen des einen Gebietes zu gleichzeitigen Senkungen eines Nachbargebietes geführt haben sollen. Solche Erhebungen hätten dann die beschleunigte Abtragung begünstigt, durch deren Material die gleichzeitig entstehenden Senken aufgefüllt worden seien.

Wanless & Sheppard 1936 vermuten ein periodisches Ansteigen des Wassers. Sie führen dies auf eustatische Schwankungen des Weltmeeres zurück. Ihre Hypothese begründen sie mit den sog. permo-karbonischen Vereisungen der südlichen Halbkugel. Die Existenz derartiger Eiszeiten hat man aus verfestigten Blocklehmen (Tilliten) und gekritzten Gesteinsoberflächen abgeleitet. Beide Erscheinungen können jedoch auch durch tektonisch ausgelösten Massenfluß entstehen. Diese Ursache ist deshalb wahrscheinlicher, weil auf der Nordhalbkugel jegli-

che Anzeichen für diese permo-karbonischen Vereisungen fehlen.
Jessen hält die für endogene, d. h. erdgebundene Ursachen der 300–400 karbonischen Gesteinsrhythmen verfügbare Zeit für zu kurz. Er glaubt deshalb an außerirdische Ursachen, gesteht jedoch ein, daß solche extratellurischen Einflüsse prinzipiell unbeweisbar sind. Ähnliche Ursachen wurden bereits von *Cailleux 1949* und *Gignoux 1950* in Betracht gezogen.
In neuerer Zeit werden die Steinkohlenablagerungen vorwiegend mit den Küstenniederungen rezenter Flüsse, etwa dem Mississippi verglichen *(Teichmüller 1955, Ferm 1975)*. Durch Verlagerung pendelnder Flüsse in einem langsam sinkenden Delta lassen sich die horizontalen Abweichungen von der Zyklothemregel tatsächlich erklären. Die Analogie ist allerdings sehr unvollkommen, denn die Pflanzenmasse im Mississippidelta besteht vorwiegend aus Driftholz, während es sich bei den karbonischen Steinkohlenflözen um ehemals lebende Vegetationsdecken handelt. Nach dieser Vorstellung schiebt sich die auf dem Schüttungskegel gedachte Vegetation »diachronisch« in das Delta hinaus. Gleichzeitig können sich fluvia-

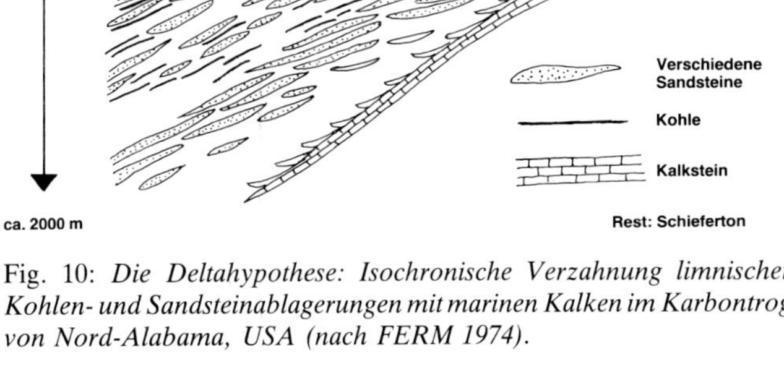

Fig. 10: *Die Deltahypothese: Isochronische Verzahnung limnischer Kohlen- und Sandsteinablagerungen mit marinen Kalken im Karbontrog von Nord-Alabama, USA (nach FERM 1974).*

tile, brackische und marine Schichten »isochronisch«, d. h. zeitgleich, seitlich mit der Vegetationsschicht verzahnen (Figur 10). Eindeutige Zeitmarken, wie marine Horizonte, Flächensandsteine, Kohlenflöze und Tonsteinlagen, wie sie die Zyklothemtheorie verlangt, können in diese Delta-Hypothese natürlich nicht eingeordnet werden. Sie wurde deshalb bereits von *Trueman 1946, Keller 1951* und *Weller 1957* abgelehnt.

Ein unfruchtbares Konzept

Der Begriff des Zyklothems ging von der Vorstellung aus, daß periodisch ablaufende Vorgänge in der Erdrinde die Ablagerungen von Steinkohlenflözen übereinander verursacht haben. Die vermuteten Gesetzmäßigkeiten sind jedoch mit zunehmender Kenntnis der Karbonablagerungen nicht bestätigt worden. Es gibt keine Regel, die alle vorkommenden Fälle umfaßt. Zyklotheme sind in Wirklichkeit gedankliche Konstruktionen, die den Blick für das wahre Geschehen einengen. Langdauernde Sedimentationsperioden können aus keinem der beschriebenen Beispiele abgeleitet werden. Vielmehr kann der zeitliche Abstand der einzelnen Flöze wegen der häufigen Spaltungen, Scharungen und gelegentlichen Z-Verbindungen nur unbedeutend gewesen sein. Das Zyklothemmodell für die Entstehung karbonischer Steinkohlenflöze ist offensichtlich unfruchtbar und muß durch ein im aktualistischen Sinne besseres Modell ersetzt werden. »There seems to be little point in perpetuating the notion of a classical sequence or any suggested modification of it. – It is concluded that the original notion of a cyclothem now offers little to advance current Carboniferous research« *(Ferm 1975)*. Ähnlichlautende Schlußfolgerungen sind bereits bei *Weller 1964* zitiert.

Literatur

Bachmann, M.: Feinstratigraphische Untersuchungen an der Grenze zwischen Unteren und Mittleren Bochumer Schichten (Westfal A) am linken Niederrhein. Fortschr. Geol. Rheinl. u. Westf. 3, Krefeld, 1962

Bachmann, M.: Zur Flözgleichstellung in den Bochumer Schichten im Raum Oberhausen – Duisburg – Moers –Kamp-Lintfort. Fortschr. Geol. Rheinl. u. Westf. 13, Krefeld, 1966

Cailleux, A.: in: Bersier, A.: La sédimentation cyclique de type molassique paralique en fonction de la subsidence continue. Sédimentation et Quaternaire, France. Bordeaux, 1949

Ferm, J.: Carboniferous paleogeography and continental drift. 7. Int. Karb. Kongr., Bd. 3, Krefeld, 1974

Ferm, J.: Pennsylvanian Cyclothems of the Appalachian Plateau, a Retrospective View. Geol. Surv. Profess. Paper 853, Washington, 1975

Gignoux, M.: Sédimentation rhythmique dans les plaines maritimes et au fond des mers. C. R. Acad. Sc. Paris, 230, 8, Paris 1950

Goeppert, R. H.: Abhandlung . . . etc. Haarlem, 1848

Jessen, W.: Das Ruhrkarbon (Namur C ob. – Westfal C) als Beispiel für extratellurisch verursachte Zyklizitäts-Erscheinungen. Geol. Jb. 71, Hannover, 1955

Jessen, W.: Zur Sedimentologie des Karbons mit Ausnahme seiner festländischen Gebiete. 4. Kongr. Strat. Geol. d. Karbons. Heerlen 1958, Maastricht, 1961

Keller, G.: Die paläotopographische Bedeutung der Streifenkohlenflöze und der Flözspaltungen für die Genese des Ruhrkarbons. Bergbau-Archiv 12, Bd. 14, Essen, 1951

Logan, W. E.: On the character of the beds of clay lying immediately below the coal seams of South Wales . . . etc. Proc. Geol. Soc. London 3 London, 1842

Lyell, Ch.: On the upright Fossil-trees found at different levels in the Coal strata of Cumberland, Nova Scotia. Ann. and Mag. of Nat. Hist., Comp.: Bot. Mag. N.S. 17, London, 1844

Lyell, Ch.: Geologie und Entwicklungsgeschichte der Erde und ihrer Bewohner. Berlin, 1858

Smith, A. H. V.: Seam Profiles and Seam Characters. In: Murchison, D. & Westoll, T. St.: Coal and Coal-Bearing Strata. Edinburgh, 1968

Tasch, K.-H.: Flözführende Schichtfolgen als Ergebnisse rhythmischer Sedimentation. Bergbau-Rundschau 9, Bochum, 1957

Teichmüller, R.: Über Küstenmoore der Gegenwart und die Moore des Ruhrkarbons. Geol. Jb. 71, Hannover 1955

Trueman, A. E.: Stratigraphical Problems in the Coal Measures of Europe and North America. proc. Geol. Soc. Lond., Anniv. Addr., Quart. Journ. Geol. Soc. London CII, London, 1945

Wanless, H. R.: Local and Regional Factors in Pennsylvanian Cyclic Sedimentation. Bull. State Geol. Surv. Kansas, 169, Symp. on Cyclic Sedimentation. Lawrence, 1964

Wanless, H. R. & Sheppard, F. P.: Sea Level and Climatic Changes Related to Late Paleozoic Cycles. Geol. Soc. Amer. Bull. 47, New York, 1936

Wanless, H. R. & Weller, J. M.: Correlation and Extent of Pennsylvanian Cyclothems. Geol. Soc. America Bull. 43, New York, 1932

Weller, J. M.: Paleoecology of the Pennsylvanian Period in Illinois and Adjacent States. Memoir 67 Geol. Society of America. Baltimore, 1957

Weller, J. M.: Development of the Concept and Interpretation of Cyclic Sedimentation. Bull. State Geol. Surv. of Kansas, 169, Symp. on Cyclic Sedim. Lawrence, 1964

2. Hohe Sedimentationsraten der Zwischengesteine (1)

Alle Schätzungen der Sedimentationsdauer innerhalb des westeuropäischen Steinkohlenvorkommens orientieren sich an dem Modell der »Variskischen Saumsenke«, d. h. einem mit Unterbrechungen langsam absinkenden Trog relativ ruhigen und tiefen Wassers. Für den Vorgang der Senkung und Auffüllung werden von den Autoren 32–45 Millionen Jahre veranschlagt. Die Angaben für die Dauer des gesamten Karbons schwanken zwischen 50 und 110 Millionen Jahren. Die Ansammlung von Sinkstoffen auf dem heutigen Meeresgrund ist normalerweise sehr langsam und erreicht oft nur Millimeterbeträge pro Jahr. Diese Tatsache darf jedoch nicht ohne weiteres auf die Verhältnisse des Karbons übertragen werden. Angaben von beispielsweise 14–15 mm pro Jahrhundert (*D. Richter 1971*) müssen mit größter Vorsicht aufgenommen werden. Die Ablagerungsgeschwindigkeit ist nämlich sehr wesentlich von der Menge der suspendierten Stoffe abhängig. Diese Menge kann bei genügendem Nachschub proportional mit der Bewegtheit des Wassers anwachsen. Nebenher beeinflußt auch das spezifische Gewicht der Sedimentfracht die Sinkgeschwindigkeit. Sowohl Sedimentmenge als auch Turbulenzgrad des Wassers lassen sich nahezu beliebig erhöhen. Dadurch wird die Ablagerung meterdicker Gesteinsbänke im Verlauf einer einzigen Schüttung ohne Schwierigkeit verständlich. Entgegen den allgemein verbreiteten Anschauungen sind Sedimentationsraten dieser Größenordnung in vielen Schichtgliedern der Steinkohlenformation die Regel. Die von *Brinkmann 1961* für das Oberkarbon theoretisch geforderte Sedimentationsgeschwindigkeit von 0,25 mm pro Jahr steht in krassem Gegensatz zu den tatsächlichen Ablagerungsbedingungen, wie sie in den Aufschlüssen beobachtet werden. Diese immer wieder zitierten Angaben sind völlig unrealistisch.

Sandstein

Ein bedeutender Prozentsatz der die Flöze trennenden Schichten besteht aus Sandsteinen. Ihr Anteil kann 50–70 % an der Gesamtmächtigkeit betragen, z. B. in den Wittener, Horster und Dorstener Schichten des Ruhrgebiets. Aus Oberschlesien werden sogar Werte bis zu 80 % Sandstein angegeben (*Zeman 1974*). Wegen seines hohen spezifischen Gewichts wird Sand nur von strömendem Wasser abgelagert. Sandstein ist deshalb – von massivstem Ausfall bei plötzlichem Rückgang der Strömungsgeschwindigkeit abgesehen – immer schräggeschichtet (Fig. 11). Die sichtbare, manchmal nur im Röntgenlicht nachweisbare Streifung geht auf eine mechanische Trennung der verschiedenen Korngrößen im Augenblick des Absetzens zurück. Sie kann im Experiment leicht nachgeahmt werden (Fig. 12). Mit der Strömung bewegen sich breite Schüttungsfronten mit welliger Oberfläche vorwärts, die von nachfolgenden stärkeren Strömungsstößen wieder abgehobelt und neu überschichtet werden. An der welligen Oberfläche solcher Sandsteine des Karbons sind Großrippel-Amplituden (d. h. Höhenunterschiede) von 1 m gemessen worden (*Hemingway 1968*). Aus der Textur der gewöhnlich ein bis mehrere Meter dicken Sandsteinbänke ergibt sich zwingend eine kontinuierliche Ablagerung. Trennfugen weisen auf Sedimentationspausen hin. Daß diese nur kurz waren, geht aus der Gleichartigkeit der übereinandergeschichteten Bänke hervor (Fig. 13). Sandsteine kennt man aus praktisch allen Flözfolgen Europas und Nordamerikas. Sie sind in vielen Abteilungen das beherrschende Element.

Gradierte Schichtung

Beim Ausfallen von stärker gemischten Korngrößen kommt es zur sogenannten gradierten Schichtung (Fig. 14). Die gröbsten Bestandteile sinken zuerst und werden von immer feineren Fraktionen überlagert. Die gesamte Schicht ist somit das Ergebnis eines einmaligen, d. h. rasch ablaufenden Vorgangs. Eine durchgehende Gradierung hat sich im Ibbenbürener Sandstein bis 20 m Dicke nachweisen lassen (*Keller 1951*); aus

Fig. 11: *Kreuzgeschichteter Karbonsandstein als Beispiel eines typischen Strömungssediments. Solche Strukturen können im Sand innerhalb weniger Sekunden entstehen. Die Höhe des gezeigten Bildausschnitts beträgt 12 cm. (Durch Sägen ist der untere Bildrand gerieft.)*

Fig. 12: *Experimentell erzeugte Schrägschichtung in einem Strömungskanal aus Glas. Für die Ablagerung der einzelnen Sandsteinpakete des Karbons genügen Tage!*

Fig. 13: *Typischer Karbonsandstein in einem Steinbruch des Ruhrgebiets. Aus der Kreuzschichtung der meterdicken Bänke ergibt sich zwingend eine ununterbrochene, innerhalb von Stunden abgeschlossene Ablagerung. Höhe des Aufschlusses etwa 2 Meter.*

Fig. 14: *Gradierte Schichtung im Experiment als Ergebnis eines einzigen Niederschlags. Gradierte Sandsteinpakete sind bis zu 100 m Dicke bekanntgeworden. Höhe des Bildausschnitts ca. 10 cm.*

Oberschlesien sind gradierte Sandsteinpakete sogar bis zu 100 m Mächtigkeit bekanntgeworden (*Zeman 1975*). Da die Korngröße von Sandsteinen nie ganz einheitlich ist, enden alle Sandsteine an der Oberkante mit einer feineren Fraktion, sofern keine Erosionsfläche vorliegt.

Konglomerate

Häufig sind den Sandsteinen Konglomerate eingelagert. Die einzelnen Gerölle, hauptsächlich aus Quarz, messen zwar meistens nur einen bis wenige Zentimeter im Durchmesser, können aber auch Kopfgröße und darüber erreichen. Oft sind sie mit kohligem Driftholz vergesellschaftet (Fig. 15). Geröllsandsteine sind wegen ihres plötzlichen Ausfallens weniger deutlich schräggeschichtet und setzen sehr bedeutende Wasserbewegungen voraus. Sie sind Zeichen »stärkster Transportstöße« (*Jessen 1961*). Die Grobschüttung der sog. Holzer Konglomerate im Saargebiet mit Geröllen bis zu 40 cm Durchmesser wird von *Weingardt 1974* als »Naturkatastrophe unvorstellbaren Ausmaßes« bezeichnet. In der Regel finden sich derartige

Fig. 15: *Von der Gewalt des Wassertransports gibt dieser Geröllsandstein mit den Hohlformen von zertrümmertem Holz eine Vorstellung. Finefrau-Konglomerat, Ruhrgebiet.*

Konglomerate an der Basis der Sandsteine und belegen den zusammenhängenden Ablauf der gesamten Schüttung. Der 24 m mächtige Sandstein unter Flöz Glücksburg (Ibbenbürener Schichten), der mit Geröll und großen Mengen Baumrindenabdrücken beginnt, wird nach oben zunehmend feinkörniger und geht schließlich in Schieferton über (*Brauer & Buntfuss 1966*). Weitere Beispiele aus dem Ruhrkarbon sind das Konglomerat über Flöz Neuflöz (Sprockhöveler Schichten), das Finefraukonglomerat (Wittener Schichten) und das Plaßhofsbankkonglomerat (Bochumer Schichten).

Feinsedimente

Die Textur der Zwischengesteine ändert sich mit der Korngröße, ferner mit dem Mischungsverhältnis der verschiedenen Komponenten. Dafür sei der etwa 10 m mächtige, sandstreifige Ton unter Flöz Dünnebank im Aufschluß Querenburger Straße in Bochum angeführt, der eine intensive Rippelschichtung

Fig. 16: *Die Textur der Karbongesteine ändert sich mit dem Mischungsverhältnis ihrer Bestandteile. Dramatische Rippelschichtung als Ergebnis einer einzigen Schüttung. Creswell, Northumberland.*

aufweist (vgl. Fig. 16). Die Geschwindigkeit des transportierenden Wassers war offensichtlich beträchtlich, und die 10 m sind zweifellos das Resultat einer einzigen Strömungsphase, die kaum länger als Stunden gedauert haben kann.
Die am längsten in Schwebe bleibende Tonfraktion kann sich nur bei stark verringerter Fließgeschwindigkeit absetzen. Tonsedimente sind deshalb horizontal geschichtet. Ihre Absatzmächtigkeit pro Zeiteinheit hängt aber in erster Linie von der Suspensionsdichte im Wasser ab. Ist der Absatz sehr rasch, dann können sich in genügend schluffigen Sedimenten durch aufquellendes Wasser sogar »pit-and-mound«-Strukturen auf den gerade bestehenden Schichtflächen bilden (*Hemingway 1968*). Daher sind Rückschlüsse aus der Absatzgeschwindigkeit rezenter Feinsedimente auf die Bildung karbonischer Schiefertone und verwandter Gesteine in Unkenntnis der beim Absatz herrschenden Suspensionsdichte praktisch wertlos.
Bei einem typisch pelagischen Feinsediment, das im Laufe sehr vieler Jahre niedergeschlagen ist, erfolgt die durch Auflast bedingte Verringerung des Porenvolumens nur ganz allmählich. Die darin enthaltenen zarten Fossilstrukturen werden bei zunehmendem Druck nachträglich verformt. Bei genauer Untersuchung zweier karbonischer Schiefertone in Illinois beobachteten *Zangerl & Richardson 1963* jedoch, daß der von oben wirkende Kompressionsdruck die zerbrechlichen Fossilschalen nicht mehr beeinflußt hatte, sondern die Verdichtung des Sediments offenbar bereits kurz nach seiner Ablagerung abgeschlossen war: »Der Vorgang der Sedimentation und Verdichtung ... unterschied sich grundlegend von demjenigen, den man heutzutage für normalen Meeresschlamm annimmt. Sämtliche Beobachtungen deuten darauf hin, daß die Schlammschichten des Mecca- und des Logan-Steinbruchs bereits zur Zeit ihrer Ablagerung nahezu zum Endbetrag komprimiert waren und sich unter der Auflast nur noch sehr wenig setzten. Die Volumenverringerung mag gut und gerne 80 % betragen haben ... doch geschah die Verdichtung praktisch zur Zeit der Ablagerung.« Die hier geschilderte rasche Verdichtung kann nur durch außerordentlich raschen Absatz der darübergelegten Sedimente erklärt werden. Sie ist kein Ausnahmefall, sondern läßt sich auch in den weit häufigeren pflanzenführenden Schiefertonen nachweisen.

Literatur

Brauer, J. & Buntfuss, J.: Sedimentologische Untersuchungen im Oberen Westfal C und Unteren Westfal D des Ibbenbürener Karbons. Fortschr. Geol. Rheinld. u. Westf. 13, 2. Krefeld, 1966

Brinkmann, R.: Abriß der Geologie. Stuttgart, 1961

Hemingway. J. E.: Sedimentology of Coal-Bearing Strata. In: *Murchison, D. & Westoll, T. St.:* Coal and Coal-Bearing Strata. Edinburgh & London, 1968

Jessen, W.: Zur Sedimentologie des Karbon mit Ausnahme seiner festländischen Gebiete. 4. Int. Kongr. Strat. Geol. Karb. Bd. 2, Maastricht, 1961

Keller, G.: Die paläotopographische Bedeutung der Streifenkohlenflöze und der Flözspaltungen für die Genese des Ruhrkarbons. Bergbau-Archiv 12, 1. Essen, 1951

Richter, D.: Ruhrgebiet und Bergisches Land. Berlin & Stuttgart, 1971

Weingardt, H. W.: Die Westfal-Stefan-Grenze im Saarkarbon, neue Beobachtungen, Untersuchungen und Erkenntnisse. 7. Int. Kongr. f. Karbonstratigraphie, Bd. 4, Krefeld, 1974

Zangerl, R. & Richardson, E. S.: The Paleoecological History of two Pennsylvanian Black Shales. Fieldiana: Geology Memoirs, Vol. 4. Chicago, 1963

Zeman, J.: Tektonik und Sedimentation im Oberschlesischen Kohlenbecken. 7. Int. Kongr. f. Karbonstratigraphie, Bd. 4. Krefeld, 1974

3. Hohe Sedimentationsraten der Zwischengesteine (2)

Polystrate Stämme

Wie rasch nicht nur Sand, sondern auch Tonsediment in Wirklichkeit abgesetzt werden kann, belegen eindrucksvoll aufrecht eingeschlämmte Baumstämme der Karbonvegetation. Da sie nicht selten in sichtbarer Weise eine Anzahl von Schichten durchstoßen, werden sie auch als »polystrat« bezeichnet. Polystrate Stämme bis zu 8 m Länge waren Anfang der fünfziger Jahre im Ziegelei-Steinbruch *Klotz* in Essen-Kupferdreh aufgeschlossen (*Klusemann & Teichmüller 1954, Teichmüller 1955*), (Fig. 17 und 18). Etwas später wurde aus einem Steinkohlentagebau in der Nähe von Wigan, Lancashire, England, sogar ein Stamm von 12 m Länge beschrieben, der senkrecht im Tonschiefer stand (*Broadhurst & Magraw 1959*). Diese Berichterstatter geben zu, es sei »schwierig, die Schlußfolgerung zu vermeiden«, daß die Sedimentationsrate um den erwähnten Stamm sehr hoch gewesen sein müsse. Bei der gebrechlichen Struktur der Lepidophyten muß angenommen werden, daß derartige Stämme nicht jahrzehntelang in einem »ertrinkenden Wald« stehenblieben, sondern daß ihre Einbettung mit Tonschlamm oder Sand nur Stunden oder bestenfalls Tage in Anspruch genommen hat.
Die polystraten Baumstämme werden in der Literatur gewöhnlich als seltene Ausnahmen von der Regel in Gestalt örtlicher Katastrophen hingestellt, die für die normalerweise vorherrschenden Sedimentationsraten keine Bedeutung haben. Doch zählte bereits *Goeppert 1848* über 70 Vorkommen mit insgesamt 277 aufrechten Stämmen auf. In Wirklichkeit sind die Ausgüsse senkrechter Stämme von Lepidophyten im Dach der Kohlenflöze eine wohlbekannte Erscheinung (*Patteisky 1937, Schwarzbach 1942, Whittle 1942*). Im Ruhrkarbon und dem Ibbenbürener Horst sind solche Steinkerne aus wenigstens 20 verschiedenen Flözen gemeldet worden (*Teichmüller 1955*). Sie sind bei den Bergleuten wegen der Gefahr des Herausfallens bekannt und gefürchtet. Allerdings ragen sie in den meisten

Fig. 18: *Ein weiterer Karbon-Stamm von Kupferdreh. Die verschiedenen durch Fugen getrennten Schichten wurden innerhalb sehr kurzer Zeit abgelagert. Archiv-Foto Ruhrlandmuseum Essen.*

Fällen nicht sehr weit in das Hangende hinein, sondern erscheinen nach wenigen Dezimetern wie abgeschnitten, oder sie sind in geringer Höhe umgeknickt (*Josten 1962*). In solchen Fällen kann man im Dach ausgekohlter Strecken ein Gewirr zerdrückter Hohlstämme beobachten. Ein in etwa 1 m Höhe umgeknickter, aufrechter Stamm über Flöz Finefrau bei Witten-Bommern war bis zur endgültigen Auffüllung des Steinbruchs im Jahre 1977 der Beobachtung über Tage zugänglich. Er ist bei *Hahne 1958* abgebildet.
Gelegentlich sind sogar alle Stümpfe des Lepidophytenwaldes auf der Kohle aufrechtstehend erhalten. *Jongmans 1952* sah im Dach von Flöz XII der Zeche Emma in Holland auf einer Strecke von 150 m insgesamt 80 solcher Stümpfe, d. h. in

Fig. 17: *Aufrechter Steinkern eines Siegelbaums bei Essen-Kupferdreh 1954. Eine derart plötzliche Verschüttung der Karbonvegetation war nicht etwa seltene Ausnahme, sondern die Regel. Archiv-Foto Ruhrlandmuseum Essen.*

Abständen von durchschnittlich weniger als 2 Metern voneinander. In einem kürzeren Abschnitt des gleichen Flözes standen ungefähr 40 Stümpfe, darunter ein Riese von 4,50 m im Durchmesser!
Die Dicke von *Jongmans* Exemplar wurde vermutlich an der Stammbasis gemessen, wo die vier Hauptwurzeln (Stigmarien) zusammenlaufen. Die gewaltigen, bereits Ende des vorigen Jahrhunderts für verschiedene deutsche Museen geborgenen Lepidophytenstämme vom Piesberg bei Osnabrück stehen dem Riesenstamm aus Holland jedoch kaum nach (Fig. 19). Sie entstammten dem Hangenden der Oberbank des Flözes »Zweibänke«. *H. Potonié 1892* schreibt hierzu: »Auch an anderen Stellen im Hangenden des Flözes Zweibänke sind mächtige Wurzeln gefunden worden. Nach alledem scheinen also hier zahlreiche Stämme gestanden zu haben.«
In einem längst eingegangenen Steinkohlentagebau von Parkfield bei Bilston, Staffordshire, England, wurden auf einer ungefähr 1000 Quadratmeter großen Fläche 73 Stümpfe freige-

Fig. 19: *Steinkern eines meterdicken Lepidophytenstammes mit flach ausgebreiteten Hauptwurzeln, die sich als Stigmarienverzweigungen bis 20 m weit waagrecht fortsetzten. Fundort Piesberg bei Osnabrück, Bergbaumuseum Bochum.*

Fig. 20: *Aufrechter Sigillarienstamm im Oberkarbon der Küste von Northumberland. Der z. T. erhaltene Wurzelteller erhebt sich über kohligem Tonschiefer. Creswell, Northumberland.*

Fig. 21: *Aufrechter Steinkohlenbaum an der Joggins-Küste von Nova Scotia, Canada. Die im Leben hohlen Stämme wurden mit Sediment verfüllt.*

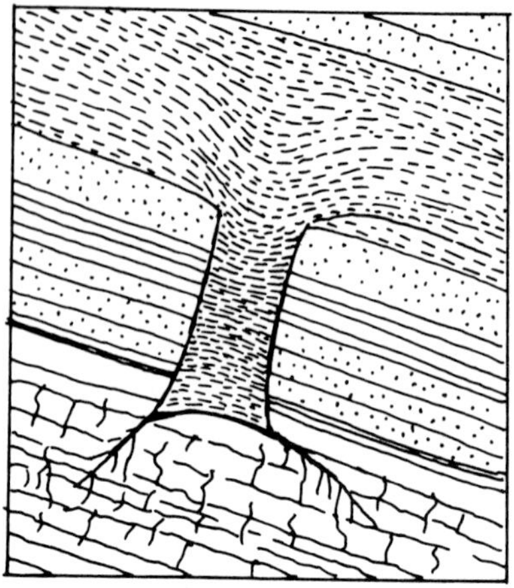

Fig. 22a: *Aufrechter Stamm, von Sand umschichtet, jedoch von oben her mit Tonschiefer gefüllt. Die trichterartige Eindellung über dem Stamm rührt von der stärkeren Setzung des Tonschiefers her. Trotz der in-situ-Erhaltung mit anhangenden Stigmarienwurzeln sind aufrechte Karbonbäume nicht autochthon. Nova Scotia, nach DAWSON 1882.*

Fig. 22b: *Die gleiche Einbettung wie in Bild a, aufgenommen 1981.*

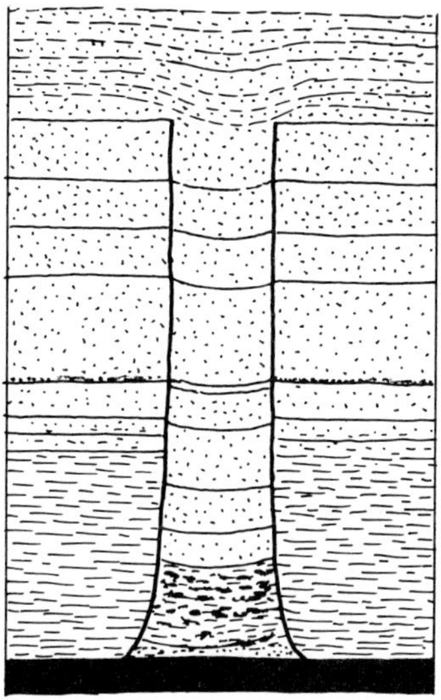

Fig. 23: *Aufrechter Stamm von etwa 2,5 m Höhe, diesmal mit Sand statt mit Feinsediment gefüllt. Der Stamm ragt aus einer zu Kohle umgewandelten Schicht von Humus und Stigmarienwurzeln hervor. Am Grunde der Höhlung wurden Tierreste gefunden. Nova Scotia, nach DAWSON 1882.*

legt, davon einige mit mehr als zwei Metern Umfang, zwischen denen kreuz und quer die auf wenige Zentimeter plattgedrückten Stämme lagen. Bemerkenswert war an diesem Aufschluß, daß innerhalb von knapp vier Metern Tiefe zwei weitere Flöze folgten, deren jedes auf seiner Oberfläche gleichfalls aufrechte Stümpfe trug (*Ick 1845*). *De la Beche* und *Logan* sahen viele aufrechte Stämme im Sandstein einer Zeche in Wales (*De la Beche 1851*).

Schmitz 1896 untersuchte 33 aufrechte Stümpfe im Dach der »Grande Veine« im Lütticher Steinkohlengebiet. Sie standen auf einer Fläche von 2 × 95 Metern. Dabei fand er in vier Fällen Zweige von Lepidophyten und Schachtelhalmen *unter der Basis* der Stümpfe. Die allochthone Herkunft der Stümpfe über der »Grande Veine« ist damit bewiesen.

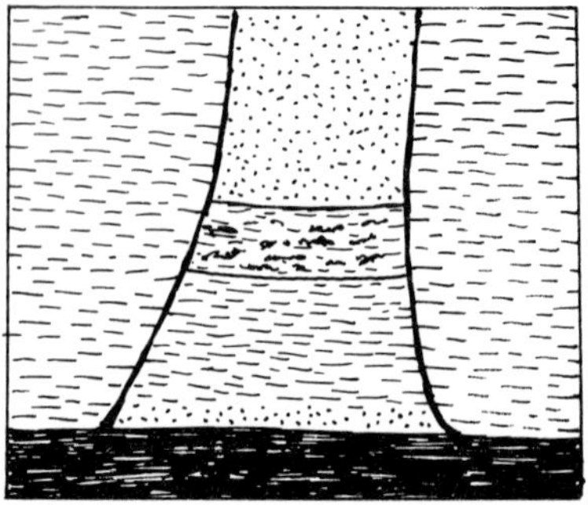

Fig. 24: *Weiterer polystrater Hohlstamm, innen und außen unterschiedlich ausgefüllt. In der mittleren Schicht fanden sich Tierreste. Nova Scotia, nach DAWSON 1882.*

Weitere eindrucksvolle Beispiele polystrater Stämme kennt man von Küstenaufschlüssen im nordöstlichen England (*Jones, Murchison & Saleh 1973*), (Fig. 20) sowie aus Nordamerika (*Wanless 1939*). Berühmt sind die aufrechten Stämme der Chignecto Bay von South Joggins in Neuschottland. *Lyell 1844* sah dort vertikal stehende Sigillarien und Schachtelhalme in mehr als 10 verschiedenen Horizonten übereinander. Einen deutlicheren Beweis für eine kontinuierlich hohe Sedimentationsrate kann man nicht erbringen. Da die Gezeiten die dortige Felsenküste außerordentlich stark erodieren, werden immer wieder neue aufrechte Stämme freigelegt. Sie haben Längen bis zu 8 Metern, und einige erreichen Durchmesser von über einem Meter (Fig. 21).

Dawson 1882, 1891 lenkte die Aufmerksamkeit auf die Tatsache, daß die Sedimentfüllung der Hohlstämme von Nova Scotia von dem umgebenden Material oft erheblich abweicht. So konnten sich beispielsweise mehrere Dezimeter Sand um einen Stamm ablagern, bevor das danach folgende Feinsediment den Stamm selbst auszufüllen begann (Fig. 22). In einem anderen Fall gelangte Sand in einen Hohlstamm, dessen Äquivalent außerhalb der Säule vom Wasser wieder restlos mitgenommen und durch feinen Tonschiefer ersetzt wurde. Erst bei neuerlicher Überschichtung mit Sand beginnen sich die Schichtfugen innen und außen zu entsprechen (Fig. 23). Solche Bilder beweisen die in Wirklichkeit rasche Verschüttung der vertikalen Baumstämme, bei der feinere und gröbere Sedimentfraktionen in unregelmäßiger Folge herangeführt wurden. Übrigens sind aus mehreren dieser Stämme wohlerhaltene Skelette von Reptilien sowie Reste von Gliederfüßlern und Schnecken geborgen worden, die sich in diese Verstecke offenbar vergebens gerettet hatten (Fig. 23 und 24).

Wie an anderen Orten ihres Vorkommens sind auch die aufrechten Hohlstämme von Neuschottland an der Basis meist in der Kohle oder in einer Art »Wurzelboden« verankert. Ihre *in situ*-Erhaltung steht daher außer Zweifel. Damit soll nicht gesagt sein, daß diese Stämme einst an denselben Stellen wuchsen. Die katastrophische Verschüttung von Stämmen in 10 oder mehr Lagen übereinander spricht schwerlich für eine autochthone, also ortsbürtige Entstehung dieser Pflanzendekken, obwohl gerade die polystraten Stämme von South Joggins bevorzugt zum Beweis der Autochthonie der Steinkohlenflöze herangezogen worden sind. Viel einleuchtender ist die Vorstellung, daß wir es mit einer in kurzen Abständen gestrandeten, versenkten und überschichteten Schwimmvegetation zu tun haben. Dafür spricht u. a. die enge Nachbarschaft der Stämme. *Pirsson & Schuchert 1920* erwähnen von Nova Scotia 96 Stümpfe auf einer Fläche von 40 × 5 m. Im gleichen Gebiet beobachtete *Rupke 1969*, daß die Wurzelorgane dieser Vegetationsschichten in dem sie umhüllenden Sediment strömungsorientiert liegen, d. h. vor ihrer Einbettung vom Wasser umspült wurden. Alle diese Beobachtungen weisen darauf hin, daß die Karbonmoore nicht autochthon auf einem festen Substrat gewurzelt haben. Die Sedimentnatur der die Flöze unterlagernden »Wurzelböden« steht eindeutig fest (Kapitel 6). Die Ökologie dieser in ihrer Art einzig dastehenden Schwimmwälder soll an anderer Stelle eingehender dargestellt werden.

Daß aufrecht im Gestein stehende Karbonbäume nicht am Ort ihres Vorkommens gewachsen, sondern nur vom Wasser verschleppt und zugesandet sein können, hat übrigens bereits *De Charpentier 1818* schlüssig begründet. »Il resterait encore à examiner . . .: Es bliebe zu untersuchen, ob diese Bäume an denselben Stellen wachsen konnten, wo sie sich jetzt befinden, oder ob sie von anderswo dorthin transportiert wurden. – Wenn man annimmt, daß sie an der Stelle gewachsen sind, wo wir sie heute beobachten, muß man zugleich gelten lassen, daß 1. das Gestein die Prinzipien zu ihrer Ernährung enthielt; 2. daß es während der ganzen Zeit des Wachstums der Pflanze einen genügenden Grad der Weichheit bewahrt haben muß, damit die Wurzeln eindringen und sich ausbreiten konnten; 3. daß während der ganzen Zeit des Wachstums dieser Bäume die Bildung des Gesteins unterbunden war; und 4. daß danach die gleiche Bildung sich wieder erneuert haben müßte, um die Schichten abzulagern, welche den Stamm und die Äste umhüllen sollten, und daß die in jenem von Waldenburg einen Sandstein darstellen, der demjenigen um die Wurzeln herum absolut gleicht. Die Notwendigkeit der Einhaltung dieser vier Bedingungen, deren eine immer unwahrscheinlicher als die andere ist, scheidet die Annahme vollständig aus, daß diese Bäume an den Stellen gewachsen sein können, an denen sie sich heute befinden. Wir sind daher gezwungen zuzugeben, daß diese Bäume anderswo gewachsen sind, und daß sie durch eine Ursache verfrachtet wurden, die uns ebenso unbekannt ist wie die Orte ihrer Herkunft. Doch können wir mit großer Wahrscheinlichkeit annehmen, daß sie durch die gleiche Katastrophe verfrachtet wurden, deren Resultat unter anderem die Bildung des Sandsteins und der Kohlenflöze gewesen ist.«

Literatur

Beche, H. T. de la: The Geological Observer, S. 482–485, 497, Philadelphia, 1851

Broadhurst, F. M. & Magraw, D.: On a Fossil Tree Found in an Opencast Coal Site near Wigan, Lancashire, Liverpool and Manchester Geological Journal 2, S. 155–158, Liverpool 1959

Charpentier, J. de: Lettre . . . sur un arbre fossile découvert en Silésie. Bibliothèque universelle des Sciences, belleslettres et arts . . ., Sciences et arts, tom 9, S. 254–258, Genf, 1818

Dawson, J. W.: On the Results of Recent Explorations of Erect Trees containing Animal Remains in the Coal-Formation of Nova Scotia. Philos. Trans. Royal Soc. of London, vol 173, London 1882

Dawson. J. W.: Acadian Geology. London 1891

Goeppert, H. R.: Abhandlung usw. Haarlem, 1848

Hahne, C.: Lehrreiche Geologische Aufschlüsse im Ruhrrevier. Essen, 1958

Jones, J. M., Murchison, D. G. & Saleh, S. A.: Reflectivity and Anisotropy of Vitrinites in some Coal Scares from the Coal Measures of Northumberland. Proc. of the Yorkshire Geol. Soc., vol. 39, pt. 4, No. 24, S. 515–526, Durham, 1973

Jongmans, W. J.: Coal Research in Europe. Second Conference on the Origin and Constitution of Coal, S. 3–31, Crystal Cliffs, Nova Scotia, 1952

Josten, K.-H.: Pflanzen- und faunenführende Schichten über Flöz Finefrau und Finefrau-Nebenbank in einem Aufschluß bei Essen-Kupferdreh. Fortschr. Geol. Rheinl. u. Westf. 3, S. 867–872, Krefeld, 1962

Klusemann, H. & Teichmüller, R.: Begrabene Wälder im Ruhrkohlenbecken. Natur und Volk, 84, S. 374–375, Frankfurt, 1954

Lyell, Ch.: On the upright Fossil-trees found at different levels in the Coal strata of Cumberland, Nova Scotia. Botanical Magazine. Companion: Annales and Magazine of Natural History. London, 1844

Patteisky, K.: Der elliptische Querschnitt aus der Kohle wachsender aufrechter Baumstämme. Schlägel und Eisen, 35, S. 155–157, Brüx, 1937

Pirsson, L. V. & Schuchert, C.: A Textbook of Geology. New York, 1920

Potonié, H.: Der im Lichthof der Königl. Geologischen Landesanstalt und Bergakademie aufgestellte Baumstumpf mit Wurzeln aus dem Carbon des Piesberges. Jahrb. der Königl. Preuss. Geolog. Landesanstalt u. Bergakademie zu Berlin f. d. Jahr 1889, Berlin 1892

Rupke, N. A.: Sedimentary Evidence for the Allochthonous Origin of Stigmaria, Carboniferous, Nova Scotia. Bull. of the Geol. Society of America, vol. 80, S. 2109–2114, New York, 1969

Schmitz, G.: Un banc à troncs-debout aux charbonages du Grand Bac. Bull. Acad. Roy de Belgique, 3me Ser., vol. 31, S. 261–264, Brüssel 1896

Schwarzbach, M.: Bionomie, Klima und Sedimentationsgeschwindigkeit im oberschlesischen Karbon. Zeitschr. d. Deutsch. Geolog. Ges. 94, S. 511–547, Berlin, 1942

Teichmüller, R.: Über Küstenmoore der Gegenwart und die Moore des Ruhrkarbons. Geol. Jahrb. 71, S. 197–220, Hannover, 1955

Wanless, H. R.: Pennsylvanian Correlations in the Eastern Interior and Appalachian Coal Fields. The Geol. Soc. of America, Special Papers No. 17, New York 1939

Whittle, W. L.: The Occurrence of Quartzite Boulders in the Stanley Main Coal at Nostell, near Wakefield. Proc. Yorkshire Geol. Soc. 25, S. 140, 1942

4. Hohe Sedimentationsraten der Zwischengesteine (3)

Trübungsströme und untermeerische Rutschungen

Eine Sonderstellung unter den Sedimenten nehmen die Turbidite ein. Dabei handelt es sich um Absätze besonders dichter Suspensionen. Die über den Grund hineilenden Trübungsströme lassen unsortierte Ablagerungen mit Flyschmarken an den Unterseiten (Fig. 25) und in Fließrichtung eingeregelte Pflanzenhäcksel (Fig. 26) unter sich zurück. Mächtige, auf diese Weise entstandene Tonschiefer sieht man im Ruhrgebiet beispielsweise in Tagesaufschlüssen der Vorhaller und Sprockhöveler Schichten. Sandige Turbidite transportieren gleichfalls Pflanzenhäcksel (Fig. 27) und sogar Brekzien aus halbverfestigten Tonfladen (Fig. 28). Letztere lassen erkennen, daß die Ablagerung in horizontal bewegtem Sediment erfolgte.
Die massigen Ruhrsandsteine von Westhofen (Sprockhöveler Schichten) bzw. die der Ibbenbürener Karbonscholle sind offenbar gleichfalls turbiditischen Ursprungs. Dies beweisen die darin zerstreut »schwimmenden« Quarzgerölle und die im UV-Licht darstellbare Flaserschichtung äußerlich scheinbar homogener, d. h. schichtungsloser Sandsteinpakete. Besonders mächtige karbonische Turbiditserien sind aus Derbyshire, England, beschrieben worden (*Allen 1960, Walker 1966*).
Trifft ein sandiger Trübungsstrom auf unverfestigten Tonschlamm, so verzahnen sie sich an der Berührungsfläche oder treten als Fließwülste (Fig. 29) in das weichere Material über. Alle solche als »slumping« bezeichneten Bildungen weisen nicht nur auf die plötzliche Entstehung, sondern auch auf die rasche Aufeinanderfolge verschiedenartiger Schüttungen hin. Eindrucksvolle Beispiele sind z. B. im Bergbau-Museum in Bochum ausgestellt (Fig. 30).
Alle Erscheinungen von »slumping« gehen letzten Endes auf Rutschungen bei tektonisch bedingten Neigungsänderungen während oder unmittelbar nach der Ablagerung zurück. Eine Rutschung *innerhalb* einer Schicht hat *Cope 1945* aus Mittelengland beschrieben.

Fig. 25: *Flyschmarken an der Unterseite eines sandigen Tonschiefers. Mächtige Sedimentpakete der Vorhaller Schichten wurden als dicht suspendierte Trübungsströme abgelagert. Nierenhof bei Essen, Ruhrgebiet.*

Fig. 26: *Schichtfläche mit eingeregelten Pflanzenhäckseln. Die zerriebenen Pflanzen wurden mit dem rasch über den Grund fließenden Sediment abgelagert. Nierenhof bei Essen.*

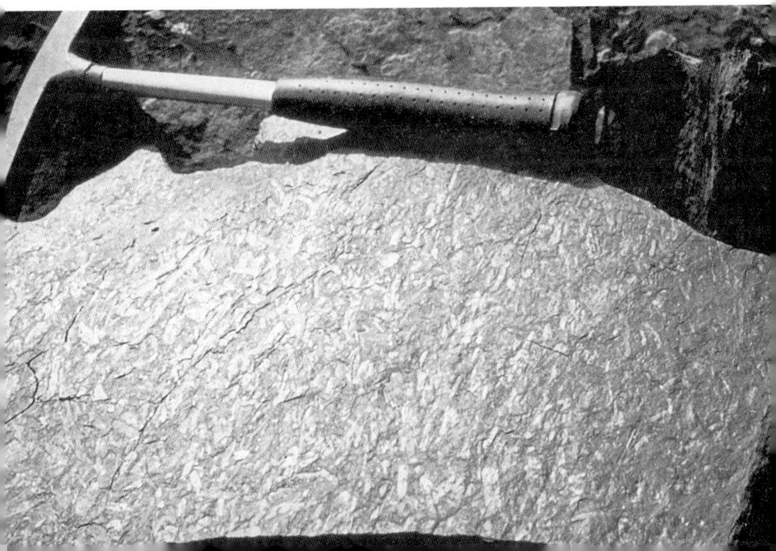

Fig. 27: *Eingeregelte verkohlte Pflanzenteile in turbiditischem Sandstein. Breite des Ausschnitts ca. 25 cm. Witten, Ruhrgebiet.*

Fig. 28: *Dachziegelartig übereinander abgelagerte Tonfladen in turbiditischem Sandstein. Die Strömung verlief von rechts nach links. Haßlinghausen.*

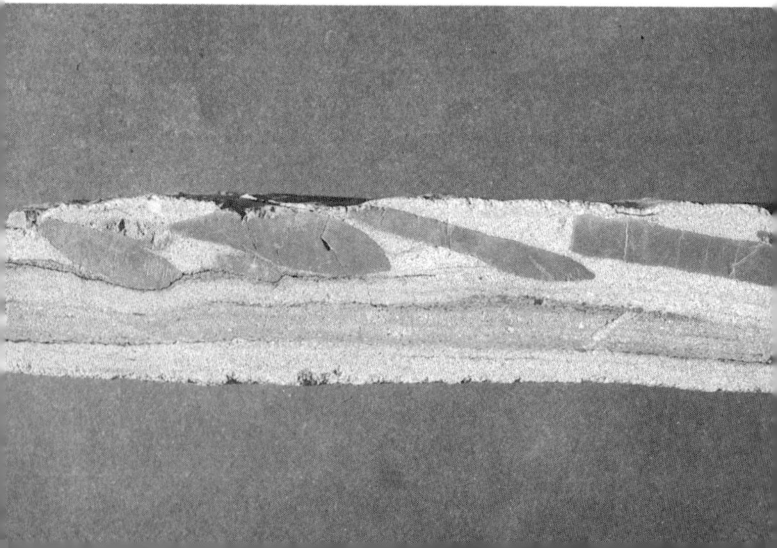

Fig. 29: *Fließwülste an der Unterseite einer Sandsteinlage, die in noch unverfestigten Tonschiefer eingesunken ist. Vorhaller Schichten, Nierenhof.*

Über eine größere Erstreckung sichtbare Slumping-Schichten des flözführenden Unterkarbons sind an der Südküste von Wales zwischen Tenby und Saundersfoot aufgeschlossen (*Kuenen 1949*). Die einzelnen Rutschungen erfolgten offensichtlich zu verschiedenen Zeitpunkten, denn sie sind durch ungestörte Sedimente und sogar Kohlenflöze voneinander getrennt. Hier muß jedoch an der angeblich langen Bildungszeit der Kohle gezweifelt werden, weil wiederholte Rutschungen an derselben Stelle im Abstand von jeweils vielen (vermuteten) Jahrtausenden extrem unwahrscheinlich sind. Vergleichbare Abfolgen gerutschter Sedimente werden auch auf der Insel Arran (Schottland) beobachtet (*Leitch 1941*). Dort reichen sie vom Flözführenden bis tief ins Unterkarbon hinab. Dies ist ebenfalls ein deutlicher Hinweis dafür, daß die einzelnen gerutschten Schichten zeitlich in Wirklichkeit engstens zusammengehören.
Daß sogar karbonische Kalksteine als Trübungsstrom abgelagert sein können, geht aus der Beobachtung von darin eingeschlossenen kristallinen Geröllen hervor (*Savage & Griffin 1928, Jansa & Carozzi 1970*).

a) b)

Fig. 30: *Bohrkerne aus dem Oberkarbon im Bergbau-Museum Bochum.*
a: Sandstein mit turbiditisch verschleppten Tonflatschen. Untere Horster Schichten, aus 1528,6 Meter Tiefe.
b: Konglomeratschüttung über geschichtetem Sandstein als Beispiel für raschen Wechsel der Sedimentation. Obere Horster Schichten, aus 821,8 Meter Tiefe.
c: Verpreßte Tonlagen, in Sandstein verstürzt, als Beispiel starker tektonischer Bewegung während der Sedimentation. Horster Schichten.

c)

Gewaltige, tektonisch bewegte Slump-Schichten sind aus Texas (*King 1958*) sowie aus Oklahoma und Arkansas (*Shideler 1970*) beschrieben worden, die transportierte Blöcke bis zu 40 cm Durchmesser enthalten. Die gerutschten Sedimentmassen müssen überaus mächtig gewesen sein, denn zwei solcher Blocklagen sind durch eine Schicht von 300 m feinem Sediment voneinander getrennt.

Auswaschungen

Sehr interessant ist der Einfluß der Kohlenflöze auf die Sedimentation des klastischen, d. h. von Mineralverwitterung herrührenden Materials. Die Pflanzenmasse hatte noch einige Zeit nach ihrer Einbettung eine zähe, kartonartige Beschaffenheit. Wo es den Sedimentströmen gelang, die Torfdecke von oben her aufzureißen, konnten tiefe, mit Sand gefüllte Auswaschungen entstehen. Sie lassen sich im Bergbau manchmal Hunderte von Metern weit verfolgen (*Kimpe & Thiadens 1951*). Gelegentlich erreichen die Auswaschungen sogar das nächstuntere Flöz (*Raistrick & Marshall 1948, Wanless 1952, Friedman 1960*), (Fig. 31). Dabei dürften starke Veränderungen des jeweiligen Gefälles mitgewirkt haben. Die Erklärung der Entstehung von Flözspaltungen durch Auswaschungen (*Thiadens & Haites 1944*) ist wegen der damit nicht erklärbaren Existenz von Z-Verbindungen abzulehnen.
In der Literatur werden Auswaschungen gewöhnlich mit mäandrierenden Ablaufrinnen heutiger Wattgebiete und Mangrovensümpfe verglichen. Zwar sind aus den USA solche mäandrierende Prielsysteme aus dem Dach der Herrin (No 6-)Kohle als »white top« beschrieben worden (*Wanless 1952*), die eigentlichen sandgefüllten Auswaschungen stellen jedoch mit Sicherheit keine ausdauernden Flutrinnen auf der Oberfläche ehemaliger (vermuteter) Karbonmoore dar, sondern verdanken ihren Ursprung einmaligen Vorkommnissen von Ausräumung durch Wasser. Das geht bereits aus dem oben beschriebenen Durchschneiden mehrerer Flöz-Etagen hervor. Die Auswaschungen erfolgten unter völliger Wasserbedeckung, denn die Ränder der Kohle sind im Bereich der Auswaschung mit dem angrenzenden Sandstein stets fischschwanzartig verzahnt (Fig. 32). Daß die Auswaschungen keine langzeitlich bestehenden Ablaufsysteme gewesen sein können, beweist außer den bereits genannten Gründen auch ihr Vorkommen im Nebengestein (*Thiadens & Haites 1944*) und in Turbiditen (*Walker 1966*).

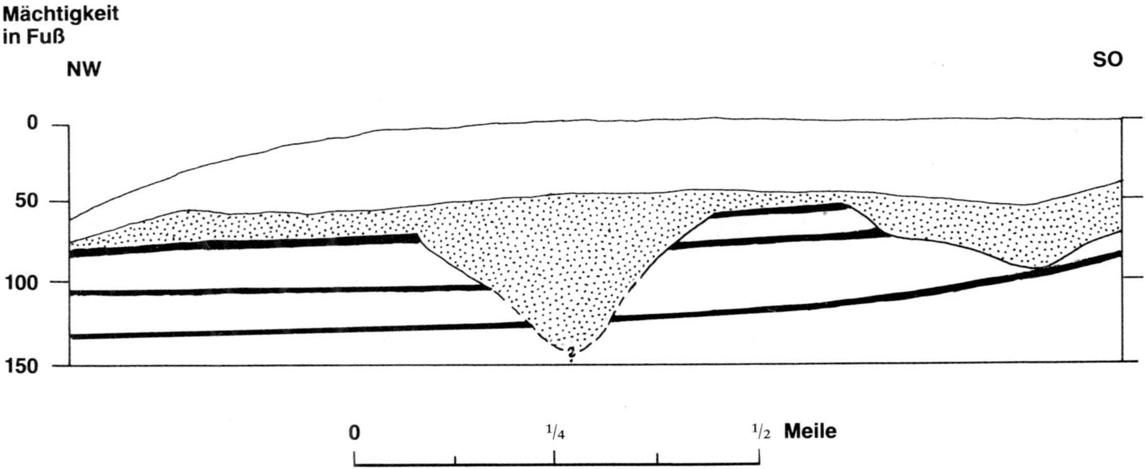

Fig. 31: *Querschnitt durch eine Auswaschung in Indiana, USA, die drei übereinanderliegende Kohlenflöze erodiert hat. Nach FRIEDMANN, 1960.*

Fig. 32: *Fischschwanzartige Verzahnung eines Kohlenflözes am Rande einer Auswaschung. Die Einfüllung des Sandsteins erfolgte unter Wasser; die Torfschichten des Flözes waren noch unverfestigt und sind deshalb aufgerissen. Harvey-Flöz, Choppington, Northumberland. Nach RAISTRICK & MARSHALL 1948.*

Erdbebenwirkungen

Nach der Theorie der an Ort und Stelle gewachsenen Flöztorfe beträgt der zeitliche Abstand zwischen der Ablagerung der hangenden und liegenden Sedimente eines normal ausgebildeten Kohlenflözes mehrere tausend Jahre. Die Auswaschungen bewiesen bereits, daß die Liegendschichten bei ihrer Ausräumung noch nicht verfestigt waren. Aus Beobachtungen an den Wirkungen »fossiler Erdbeben« ist andererseits bekannt, daß die Verfestigung nur mäßig versenkter Schichten überraschend schnell verlief. Von den Erdstößen werden nämlich immer nur das Schichtglied über und unmittelbar unter dem jeweiligen Flöz betroffen (*Kendall & Wroot 1924, Raistrick & Marshall 1948, Shirley 1954, Damberger 1975*), (Fig. 33). Aus dem Liegenden ziehen mit Sand oder Ton gefüllte Schlote oder Gänge durch die Kohle in das Hangende, durch welche sandbeladene Wassermassen aufgedrungen sind (Fig. 34). Die da-

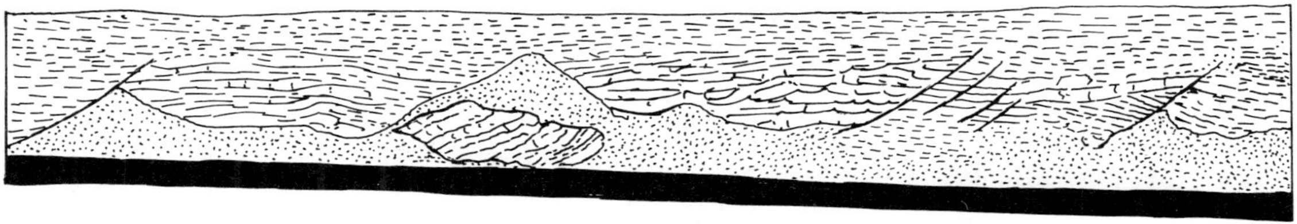

Fig. 33: *Gestörte Schichten über der Fox-Earth-Kohle bei Sheffield. Sandstein- und Tonschieferlagen sind durch äußerst heftige Erdstöße von unten durcheinandergeraten. Das Kohlenflöz ist nicht aufgerissen, weil es im unverfestigten Zustand die Erdstöße direkt auf das frische aufliegende Sediment übertrug. Breite des gezeichneten Aufschlusses ca. 80 Meter. Nach* SHIRLEY *1954.*

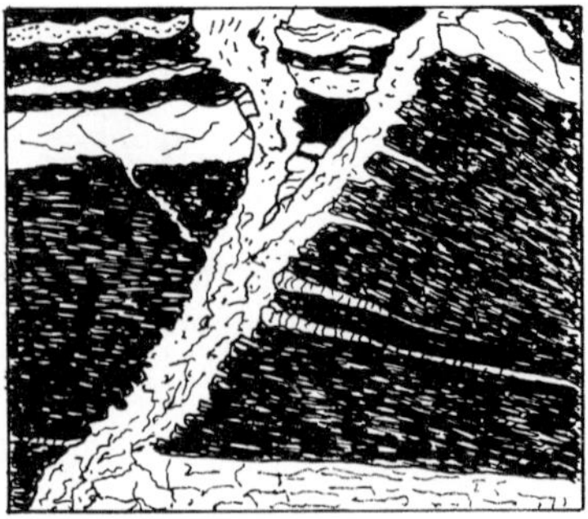

Fig. 34: *Von Erdstößen aufgerissenes Kohlenflöz mit von unten eingedrungenem Ton. Pittsburgh-Flöz, Westmoreland Country, Pennsylvania, USA. Nach GRESLEY 1897.*

durch ausgeworfenen Wälle werden im Illinois-Becken in USA als »horsebacks« bezeichnet. Die Kohle war bei der Entstehung dieser Gangfüllungen noch unverfestigt, was durch die Verfingerung der Torfschichten mit seitlich eingedrungenem Sediment bewiesen wird (vgl. Fig. 32). Aus den mitgeteilten Fällen geht hervor, daß sich die Schichten über und unter der Kohle zeitlich sehr nahe gestanden haben müssen. Eine jahrtausendelange Sedimentationspause zwischen Liegend- und Hangendschichten eines Flözes, wie sie von der traditionellen Autochthon-Theorie gefordert wird, hat offensichtlich niemals stattgefunden.
Zwar überkreuzen sich die sedimentgefüllten Gänge in nordamerikanischen Steinkohleflözen vielfach, jedoch sind nie zwei Gänge gefunden worden, die *nacheinander* aufgerissen und aufgefüllt worden sind (*Gresley 1898*). Daraus geht hervor, daß es sich hier um zeitlich äußerst gedrängte Vorkommnisse handelt, die noch einmal die gewaltsamen Begleiterscheinungen bei der Ablagerung der Karbonschichten vor Augen führen.
Daß Erdbeben bei der Bildung karbonischer Sedimente mitgewirkt haben, lehren ferner auch die eigentümlichen »Sandvulkane«, d. h. tellerförmig ausgeworfene Sandmassen an der Oberfläche der bei County Clare, West-Irland, aufgeschlossenen Slump-Schicht (*Gill & Künen 1957, Pettijohn & Potter*

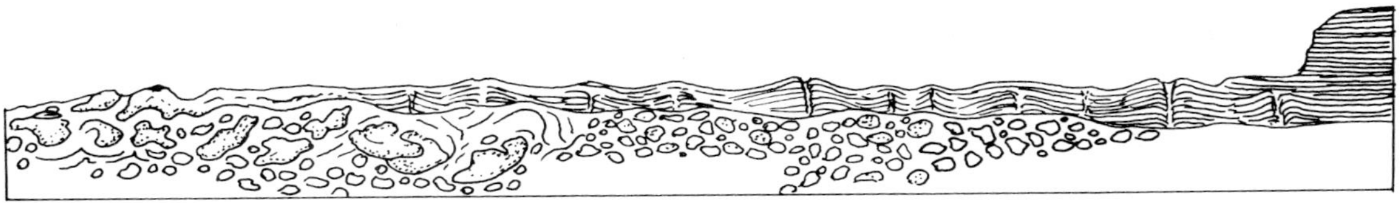

Fig. 35: *Längsschnitt durch die »Sandvulkane« bei County Clare, West-Irland. Sandbeladene Wassermassen sind nach Erdstößen von unten aufgedrungen. Nach GILL & KUENEN 1957.*

1964), (Fig. 35). Das Beispiel ist hier angefügt, um noch einmal daran zu erinnern, daß mächtige, unverfestigte Sedimente solchen Erdstößen unterworfen waren, d. h. Sedimentation und Tektonik im Karbon untrennbar miteinander verbunden sind. Auch die schon erwähnten Blockbrekzien in Texas und Oklahoma sind kaum anders als durch ruckartige tektonische Vorgänge zu erklären.
Zu den Erdbebenwirkungen zählt auch die Inkohlung der Vegetationsmassen. Nach der allgemeinen Lehrmeinung ist die Umwandlung von rohem Torf zu Kohle zeitabhängig, d. h. Torf von etwa tausendjährigem Alter soll innerhalb von wenigen Jahrmillionen in Braunkohle übergehen, die sich dann ihrerseits innerhalb weiterer 100 bis 200 Millionen Jahre zu Steinkohle umwandelt. Dieses theoretische Argument wird immer wieder gegen die praktisch beobachtbare hohe Sedimentationsrate der Zwischengesteine ins Feld geführt. Eigenartigerweise läßt sich der Inkohlungsprozeß experimentell in sehr kurzer Zeit herbeiführen. Bereits im vorigen Jahrhundert wurde bei Arbeiten mit der Dampframme an Tannenpfeilern in Alt-Breisach beobachtet, wie sich das Innere der Pfähle unter den Schlägen der Ramme in Steinkohle verwandelte (*Petzholdt* 1882). *Karweil* 1965 berichtet über die Verkürzung der Reaktionsdauer von Inkohlungsvorgängen durch »dynamischen Druck« auf bloße Minuten und Sekunden. Und *Damberger* 1974 schreibt (in Übersetzung): »Ein gewaltiger Erdstoß und ein begleitendes Seebeben dürfte kurz nach der Ablagerung der Herrin (Nr. 6)-Kohle erfolgt sein ... die Hinweise auf die frühdiagenetischen Eigenschaften des Herrin (Nr. 6)-Flözes abgeben.« »Frühdiagenetisch« bedeutet in diesem Zusammenhang *bereits verfestigt!*

Literatur

Allen, J. R.: The Mam Tor Sandstones: A »Turbidite« Facies of the Namurian Deltas of Derbyshire, England. Journ. of Sedimentology, Vol. 30, No 2, p. 193–208, 1960

Cope, F. W.: Intraformational Contorted Rocks in the Upper Carboniferous of the Southern Pennines. The Quarterly Journal of the Geological Society of London, 101, p. 139–176, 1945

Damberger, Heinz H.: Physical Properties of the Illinois Herrin (No 6) Coal before Burial, as Interred form Earthquake-induced Disturbances. 7. Internat. Kongreß f. Karbonstratigraphie, Bd. 2, p. 341–350, Krefeld, 1974

Friedman, Samuel A.: Channel-fill sandstones in the Middle Pennsylvanian rocks of Indiana, Dept. Cons., Geol. Surv., Rept. of Progress, 23, 1960

Gill, W. D. & Kuenen, P. H.: Sand Volcanoes on Slumps in the Carboniferous of County Clare, Ireland. The Quarterly Journal of the Geological Society of London, Vol. CXIII, pt. 4, p. 441–460. 1957

Gresley, W. S.: Clay-Veins Vertically Intersecting Coal Measures. Bulletin of the Geological Society of America, Vol. 9, p. 35–58, Rochester, N. Y., 1898

Jansa, Lubomir F. & Carozzi, Albert V.: Exotic Pebbles in La Salle Limestone (Upper Pennsylvanian), La Salle, Illinois. Journal of Sedimentary Petrology, Vol. 40, No 2, p. 688–694, 1970

Karweil, J.: Inkohlung als physikalisch-chemisches Problem. ERDÖL UND KOHLE – Erdgas, Petrochemie, 18. Jg., Nr. 6, S. 565, Aachen

Kendall, Percy Fry & Wroot, Herbert E.: Geology of Yorkshire, Wien, 1924

Klimpe, W. F. M. & Thiadens, A. A.: On the Occurrence of Coal Rafts above and Rhizome Inclusions in Seam Finefrau B, South Limbourg, Holland. Internationaler Kongreß für Sedimentologie 3, Groningen, Wageningen, 1951

King, Philip B.: Problems of Boulder Beds of Haymond Formation, Marathon Basin, Texas. Bulletin of the American Association of Petroleum Geologists, Vol. 42, No 7, p. 1731–1735, 1958

Kuenen, P. H.: Slumping in the Carboniferous Rocks of Pembrokeshire. The Quarterly Journal of the Geological Society of London, 104, pt. 3, p. 265–385, 1949

Leitch, D.: The Upper Carboniferous Rocks of Arran. Transactions of the Geological Society of Glasgow, 20, p. 141–154, Glasgow, 1941

Pettijohn, F. J. & Potter, P. E.: Atlas and Glossary of Primary Sedimentary Structures. Berlin 1964

Petzholdt, A.: Beitrag zur Kenntnis der Steinkohlenbildung etc. Leipzig 1882

Pilger, A.: Zusammenhänge von Flözauswaschungen und -vertaubungen mit Flözaufspaltungen nach Untersuchungen von P. Stassen. Glückauf, p. 337, Essen, 1950

Raistrick, A. & Marshall, C. E.: The Nature and Origin of Coal and Coal Seams. London, 1948

Savage, T. E. & Griffin, Judson, R.: Significance of Crystalline Boulders in Pennsylvanian Limestone in Illinois. Bulletin of the Geological Society of America, Vol. 39, p. 421–428, 1928

Shideler, Gerald, L.: Provenance of Johns Valley Boulders in Late Paleozoic Quachita Facies, Southeastern Oklahoma and Southwestern Arkansas. The American Association of Petroleum Geologists Bulletin, Vol. 54, p. 789–806, 1970

Shirley, Jack: The Disturbed Strata on the Fox Earth Coal and its Equivalents in the East Pennine Coalfield. The Quarterly Journal of the Geological Society of London, 111, pt. 3, p 265–282, 1955

Thiadens, A. A. & Haites, T. B.: Splits and washouts in the Netherlands Coal Measures. Meded. Geol. Sticht., serc. C. II, 1, No 1. Maastricht, 1944

Walker, Roger G.: Shale Grit and Grindslow Shales: Transition from Turbidite to Shallow Water Sediments in the Upper Carboniferous of Northern England. Journal of Sedimentary Petrology, Vol. 36, No 1, p. 90–114, 1966

Wanless, Harold R.: Studies of Field Relations of Coal Beds. Second Conference on the Origin and Constitution of Coal, p. 148–180. Crystal Cliffs, Nova Scotia, 1952

5. Hohe Sedimentationsraten der Zwischengesteine (4)

Flächensandsteine

Die hohen Sedimentationsraten des Karbons haben auch in ihrer flächigen Ausdehnung keine rezenten Parallelen. Die mächtigen Pakete von Sandstein und Tonschiefer können nur durch Auffüllung plötzlich absinkender Bezirke entstanden sein. Ebenso ist der gewaltige Materialtransport nur bei rascher Gefällezunahme unter regionaler Wasserbedeckung verständlich. Der Strom, der beispielsweise die Ablagerung des Finefrau-Sandsteins, d. h. eines einzigen Schichtgliedes im Ruhrkarbon, verursachte, ist mit der Amazonas-Mündung verglichen worden *(Wendt 1965)*. Desgleichen läßt sich der Iduna-Sandstein (Dorstener Schichten) als 150 km breiter Schüttungsfächer vom Ibbenbürener Raum bei stetiger Abnahme seiner Mächtigkeit bis 200 km nordwärts verfolgen *(Schröder 1975)*. Die Sandsteine der Sprockhöveler Schichten sind vom Ruhrgebiet bis ins Münsterland und die Gegend von Bielefeld verbreitet *(Hedemann et al. 1972)*.

Alternierende Senkungen

Im Gegensatz zu heutigen Saumtiefen, z. B. vor der südamerikanischen Westküste, wurden die Absenkungen des Karbons jeweils wieder bis an den Meeresspiegel aufgefüllt. Das beweisen die insgesamt etwa 230 Flözhorizonte des nordwestdeutschen Steinkohlengebiets, die wegen des Wanderns des Senkungsgebiets bzw. Synklinaltrogs nach Norden selbstverständlich nicht alle in einem einzigen Profil übereinander angetroffen werden. Zahlreiche Flözspaltungen lehren, daß die tektonischen Senkungen des Untergrundes örtlich zu verschiedenen Zeiten und mit verschiedenen Beträgen auftraten. So kann ein unscheinbares Bergemittel (Band von taubem Gestein) im Kohlenflöz auf knapp 2 km Entfernung bis zu einer Dicke von 18 m *(Schweppe 1936)* und sogar 30 m anschwellen *(Smith*, zit,

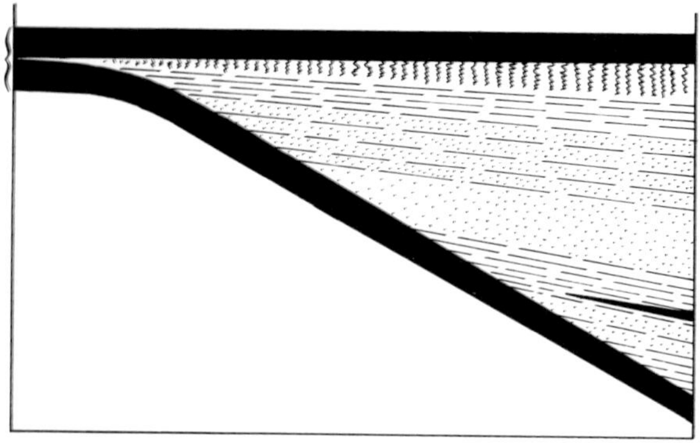

Fig. 36: *Ein unscheinbares Bergemittel im Kohlenflöz kann innerhalb weniger Kilometer bis zu einer Dicke von 30 m anschwellen. (Überhöht, nach WANLESS 1964).*

bei *Teichmüller & Teichmüller 1965)*. Die Kohle wird dadurch in ein Unterflöz und ein Oberflöz aufgeteilt (Fig. 36). Daß solche kleinräumigen Senkungen ruckartig auftraten, muß aufgrund der meist geröllhaltigen Einschüttungen gefolgert werden. Bei der Darstellung in einem regionalen Profil können dabei Bilder entstehen, die von der hergebrachten Vorstellung des langsamen weitflächigen Absinkens und Wiederauftauchens, sozusagen eines »Atmens der Erdrinde«, völlig abweichen (Fig. 37). Die unterschiedlichen Flözabstände sind natürlich nicht nur das Werk lokal verschiedener Senkungsbeträge, sondern wurden nachträglich durch die verschiedenen Setzungskoeffizienten von Sand und Ton mitbedingt.

Ständige Überschichtung

Nahe der Wasseroberfläche kam die Sedimentation zum Stillstand. Dabei konnten sich vorübergehend wattähnliche Rippelflächen bilden (Fig. 38), oder Schlammebenen, die in seltenen Fällen sogar trockenfielen. Diese Tatsache ist u.a. durch Fährtenfunde amphibischer Wirbeltiere belegt *(Dawson 1882, Hahne & Wolanski 1951, Haubold 1974)*, (Fig. 39). Im Gegensatz zu rezenten Gezeitenflächen, deren Schlick durch graben-

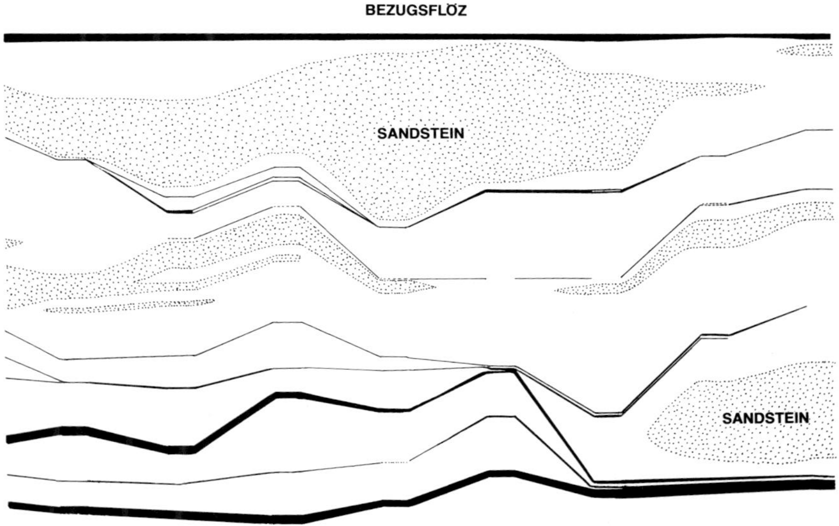

Fig. 37: *Stark überhöhter Schnitt durch einen Teil der Bochumer Schichten am linken Niederrhein. Durch kleinräumige Senkungen entstandene Flözspaltungen lassen Bilder entstehen, die von der hergebrachten Vorstellung eines weitflächigen Absinkens und Wiederauftauchens der karbonischen Landoberfläche völlig abweichen. (Umgezeichnet aus BACHMANN 1962).*

Fig. 38: *Eine Wattfläche der Karbonablagerungen, durch Faltung steilgestellt. Heutige Wattoberflächen werden nicht überschichtet. Im Vordergrund links ist ein Teil einer 20 m mächtigen Sandstein-Überdekkung sichtbar, die sehr reich an wirr gelagerten Pflanzenresten ist. Steinbruch Weuste bei Haßlinghausen.*

de Organismen durchwühlt wird, fehlt diese sog. Bioturbation unter den karbonischen Rippelflächen vollständig *(Duff & Walton 1974)*. Die sofortige Überschichtung beweist, daß die Sedimentation auch während des kurzfristigen Auftauchens der Schlammflächen kaum unterbrochen wurde. Die netzartigen Trockenrisse, wie sie von den roten permo-triassischen Ablagerungen an gehäuft auftreten, sind in dem offenbar sehr nassen Milieu der Karbonablagerungen selten und hauptsächlich aus Nordamerika beschrieben worden *(Duff & Walton 1974)*. Im europäischen Raum waren die Bedingungen zu ihrer Bildung anscheinend weniger günstig. Eine von Trockenrissen durchzogene Oberfläche wurde im Ruhrgebiet bisher nur einmal beobachtet *(Teichmüller 1955)*.

Fig. 39: *Laufspur eines Reptils (Dendrerpeton) im Negativabdruck. Joggins-Küste, Nova Scotia.*

Verdriftung und Verschüttung von Organismen

Die klastischen, d. h. Verwitterungs-Sedimente führen nicht nur Pflanzenfossilien, sondern sie enthalten auch Lagen mit Muschelschalen, Armfüßern und anderen Organismen. Man unterscheidet marine, brackische und »nicht-marine« Fossilgemeinschaften (Fig. 40). Allen gemeinsam ist, daß sie in petrographisch gleichartigen Tonschiefern enthalten sind und meist in Bändern von nur wenigen Dezimetern auftreten. Diese Bänder halten jedoch über so große Entfernungen aus, daß sie als zuverlässige Leithorizonte für den Bergbau von Bedeutung sind. Die marinen Horizonte und nicht-marinen Muschelbänder werden meistens als Anzeichen langzeitlicher Wasserbedeckung gedeutet, in deren Verlauf sich die Schalen der absterbenden Organismen auf dem Grund anreicherten. Direkte Hinweise auf ein Leben an Ort und Stelle fehlen in den meisten Fällen. Die dünnen Bänder lassen viel eher auf Wassersortierung und Transport während zeitweiser Überflutung schließen (Fig. 41). Damit soll nicht bestritten werden, daß Detritus-Fresser wie nicht-marine Muscheln, Brachiopoden, Würmer und Kleinkrebse im Gebiet ihrer Verdriftung vorübergehend auch einmal Fuß zu fassen vermochten. Ihre gewaltsame Einbettung ist indessen nicht zu übersehen.

Das Problem der Tonsteinhorizonte

Eine der merkwürdigsten Bildungen im flözführenden Karbon sind die Tonsteinhorizonte. Sie liegen in bestimmten Kohlenflözen und haben sich über Strecken von 150 km bei einer Breite von 30 km verfolgen lassen. Tonsteinlagen sind normalerweise nur 5 bis 30 mm dick. Ihre sehr große regionale Verbreitung hat sich bisher nur mit dem Ausfall vulkanischer Aschenregen erklären lassen, unterstützt durch Verfrachtung in Wasser *(Stutzer 1934, Stach 1950, Kirsch & Hallbauer 1960)*.

Fig. 40: *Schalen von »nicht-marinen« Muscheln (Carbonicola), brackischen Armfüßern (Lingula) und marinen Muscheln (Dunbarella). Hinweise auf ein Leben an Ort und Stelle im Tonsediment fehlen.*

Fig. 41: *»Nicht-marine« Muscheln (Carbonicola) aus einem Muschelband. Die Häufung und Anordnung der Schalen läßt auf Wassersortierung und Transport schließen. Steinbruch Rauen am Wartenberg bei Witten.*

Bei ihrer Bildung dürften außerdem diagenetische Prozesse mitgewirkt haben. Sie gelten daher als noch genauere Zeitmarken als die marinen Horizonte und Muschelbänder, für deren Ansammlung bei der Annahme einer *in situ* siedelnden Fauna immerhin einige Jahre nötig sind. Die Horizontbeständigkeit der Tonsteine ist vom aktualistischen Standpunkt aus schwer zu verstehen *(Stadler 1962)*. Die Tonsteinbänder im Flöz Zollverein 3 (Essener Schichten) sind in bestimmten Baufeldern verdoppelt, die vom Flöz Zollverein 2 gelegentlich sogar verdreifacht *(Burger 1967)*. Da die einzelnen Bänder mit Gewißheit der gleichen Materialanlieferung entstammen, müssen die dazwischenliegenden 10 bis 30 cm Kohle innerhalb kürzester Zeit abgelagert worden sein. Dieser Befund widerspricht eindeutig der aktualistischen Vorstellung von der Entstehung der Kohle während langer Zeiträume. Noch merkwürdiger verhält sich der Tonstein vom Flöz Zollverein 8. Im allgemeinen befindet er sich an der Basis des Flözes. In gewissen Grubenfeldern wechselt er jedoch »diachronisch« durch den Wurzelboden des Flözes bis zu 9 m in das liegende Gestein über (*Bachmann & Engels* 1967, *Burger* 1967). Da der Tonstein mit Recht für eine exakte Zeitmarke gehalten wird, müssen demnach etwa 9 m Sediment und die Basis des Flözes Zollverein 8 während Ausfall, Verschwemmung und Diagenese des Tonsteinmaterials nahezu gleichzeitig abgelagert worden sein.

Folgerungen

Zusammenfassend muß festgestellt werden, daß es nicht möglich ist, unter den Zwischengesteinen des flözführenden Karbons auch nur ein einziges Schichtglied zu nennen, dessen Ablagerung mit Sicherheit wenigstens einige Jahre in Anspruch genommen hat. Sandsteine, Konglomerate, gradierte Ablagerungen und Turbidite *(siehe Kapitel 2 und 4)*, die einen bedeutenden Anteil an der Gesamtmächtigkeit ausmachen, werden ausschließlich unter strömendem Wasser abgesetzt. Ihre Dauer der Anreicherung war daher nur kurz und reicht nicht im Entferntesten an die im allgemeinen vorgeschlagenen Jahrtausende oder Jahrzehntausende heran. Daß sich auch tonige Sedimente rasch niederschlagen konnten, beweisen u. a. die aufrecht darin eingeschlämmten Baumstämme (*Kapitel 3*). Die rasche Überschichtung der Sedimente geht ferner aus Rippelmarken und Fährten hervor. In die gleiche Richtung weisen Schlote oder Gänge in bestimmten Kohlenflözen, durch die lockerer Sand bei Erdbeben nach oben ausgeworfen wurde *(siehe Kapitel 4)*. Massive Flözauswaschungen und Sandsteinausfüllungen bis zu 20 m Tiefe ins Liegende hinab werden auf plötzlich auftretende Gefälleänderungen zurückgeführt. Hierdurch entstanden Mulden von mehreren Kilometern Durchmesser. Die in sie hinein eingefüllten Sande und Konglomerate beweisen, daß sie alsbald wieder eingeebnet wurden. Wenn die Theorie der an Ort und Stelle gewachsenen Steinkohlenmoore richtig ist, dann ergibt sich das Paradox, daß abrupte Senkungen einerseits und jahrtausendelanger Stillstand andererseits sich nicht nur ständig ablösten, sondern auch horizontal benachbart innerhalb von wenigen Kilometern gleichzeitig abliefen. Diese Vorstellung ist natürlich unhaltbar. Der Verlauf des mit Flöz Zollverein 8 vergesellschafteten Tonsteinhorizonts zwingt zu dem Schluß, daß Flöz und Liegendgestein nicht im Verlauf von Jahrtausenden, sondern praktisch gleichzeitig entstanden sind.

Literatur

Bachmann, M.: Feinstratigraphische Untersuchungen an der Grenze zwischen Unteren und Mittleren Bochumer Schichten (Westfal A) am linken Niederrhein. Fortschr. Geol. Rheinld. u. Westf. 3, 3, p. 907–924, Krefeld, 1962

Bachmann, M. & Engels, K.-E.: Die bisherigen Kaolin-Kohlentonstein-Funde im höheren Westfal A und tieferen Westfal B im linksrheinischen Steinkohlenbergwerk Rheinpreussen. Fortschr. Geol. Rheinld. u. Westf. 13, 2, p. 1217–1244, Krefeld, 1967

Burger, K.: Zur strukturellen und faziellen Ausbildung der Kaolin-Kohlentonstein führenden Flöze der Unteren und Mittleren Essener Schichten (Westfal B) im mittleren Ruhrrevier. Fortschr. Geol. Rheinld. u. Westf. 13, 2, p. 1245–1280, Krefeld, 1967

Dawson, J. W.: On the Results of Recent Explorations of Erect Trees containing Animal Remains in the Coal-formation of Nova Scotia. Phil. Trans. Royal Soc. London, vol. 173, pt. II, p. 621–654, London

Duff, P. McL. D. & Walton, E. K.: Carboniferous Sediments at Joggins, Nova Scotia. 7. Internat. Kongr. für Karbonstratigraphie, Bd. 2, p. 365–379, Krefeld, 1974

Ferm, J. C.: Carboniferous Paleography and Continental Drift. 7. Internat. Kongr. f. Karbonstratigraphie, Bd. 3, p. 9–25, Krefeld, 1974

Hahne, C. & Wolanski, D.: Ein neuer Fährtenfund eines Landwirbeltieres aus dem niederrheinisch-westfälischen Steinkohlengebirge. Glückauf, 87, p. 43–44, Essen, 1951

Haubold, H.: Die fossilen Saurierfährten. Wittenberg Lutherstadt, 1974

Hedemann, H.-A. & Teichmüller, R.: Die paläogeographische Entwicklung des Oberkarbons. Fortschr. Geol. Rheinld. u. Westf. 19, p. 129–142, Krefeld, 1971

Kirsch, H. & Hallbauer, D.: Über das Vorkommen von Sanidin in einem Tonstein des Ruhrkarbons. N. Jb. Mineral., Mh. 3, p. 50–52, Stuttgart, 1960

Schröder, L.: Einige charakteristische Züge der Oberkarbon-Sedimentation im nordwestdeutschen Raum. 7. Internat. Kongr. f. Karbonstratigraphie, Bd. 4, p. 217–226, Krefeld, 1974

Schweppe,: Kohlenpetrographische Untersuchungen von Flözscharun-

gen und einzelnen Flözbänken. Diss, Bergakademie Freiberg/Sa., 1936
Stach, E.: Vulkanische Aschenregen über dem Steinkohlenmoor. Glückauf, 86, p. 41–50, Essen, 1950
Stadler, G.: Zusammenfassende Bemerkungen zur Genese der Kaolin-Kohlensteine. Fortschr. Geol. Rheinld. u. Westf. 13, 2, p. 641–642, Krefeld, 1962
Stutzer, O.: Der Lehestreifen im Lehekohlenflöz des Zwickauer Steinkohlen-Beckens. Z. dtsch, geol. Gesellsch. 86, p. 467–473, 1934
Teichmüller, R.: Zur Sedimentologie des Ruhrkarbons und vergleichbarer jüngerer Ablagerungen. N. Jb. f. Geol, u. Pal., Mh., p. 145–165, Stuttgart, 1955
Teichmüller, M. & Teichmüller, R.: 13th Inter-University Geological Congress »Coal-Bearing Strata« etc. Erdöl und Kohle, 18. Jahrg., Nr. 6, p. 469–477, 1965
Wanless, H. R.: Local and Regional Factors in Pennsylvanian Cyclic Sedimentation. Bull. State Geol. Surv. Kansas, 169, Lawrence, 1964
Wendt, A.: Der Finefrau-Sandstein – Sedimentation und Epirogenese im Ruhrgebiet. Köln und Opladen, 1965

6. Die Sedimentnatur der sogenannten Wurzelböden

Wurzelböden als Beweis für Autochthonie

Weitaus die meisten Steinkohlenflöze des europäisch-nordamerikanischen Karbons werden von einer als *Wurzelboden* bezeichneten Gesteinsschicht unterlagert (Fig. 42 u. 43). Diese Schicht, deren Mächtigkeit normalerweise 1,5–3 m beträgt, ist von zahlreichen Wurzelorganen durchsetzt und gilt als der untrügliche Beweis dafür, daß die kohlebildende Vegetation an Ort und Stelle, d. h. *autochthon* gewachsen ist. Der Gedanke, daß die Pflanzenmassen *allochthon,* d. h. angeschwemmt sein könnten, wird unter Hinweis auf die vorhandenen Wurzelböden als indiskutabel abgelehnt. Erst durch die Forschungsergebnisse der letzten zweieinhalb Jahrzehnte haben sich neue Gesichtspunkte ergeben, die auch in Fachkreisen bisher kaum bekanntgeworden sind.

Fig. 42: *Kohlenflöz von 50 cm Stärke in einem Tageaufschluß. Der »Wurzelboden« reicht bis 3 m unter der Kohle hinab. (Witten, Ruhrgebiet).*

Die Frage nach der Autochthonie der Kohle ist von außerordentlicher Bedeutung. Mit ihrer Beantwortung stehen oder fallen die Jahrmillionen der Historischen Geologie. Ein einziges autochthon entstandenes Steinkohlenflöz von 1 m Dicke geht nach *Stutzer & Noé 1950 und Keller 1951* und einer Reihe weiterer Autoren auf 2,2–2,3 m Torf zurück, zu dessen Anhäufung in Analogie zur Bildung rezenter Torfmoore 1 bis 4 Jahrtausende für erforderlich gehalten werden. Andere, unrealistische Berechnungen früherer Autoren bleiben hier außer Betracht. Im nordwestdeutschen Karbon, einschließlich des Ibbenbürener Vorkommens, rechnet man mit einer Abfolge von rund 230 Flözen, allerdings von sehr verschiedener Mächtigkeit. Wenn für die Akkumulation jedes dieser Flöze durchschnittlich 1000 Jahre angesetzt werden, so ergibt sich für ihre Ablagerung ohne Einbezug der um ein Vielfaches dickeren Zwischengesteine bereits annähernd eine Viertelmillion. Sind die Flöze dagegen allochthon, also jeweils zuoberst über rasch abgelaufenen Sedimentationszyklen abgesetzt worden, so reicht für die Bildung der gesamten Pflanzenmasse des Ruhrkarbons die für die durchschnittliche Dicke *eines* Flözes erforderliche Zeit aus.

Fig. 43: *»Wurzelboden«, der nach unten zu in Sandstein übergeht (Hiddinghausen).*

Die allochthonen Kohlen der Südhalbkugel

Den euramerischen Steinkohlen fehlt ein Wurzelboden nur in seltenen Fällen (*Wanless 1975*). Anders sind die Verhältnisse auf der Südhalbkugel. Den ebenfalls zum Karbon bzw. Perm gestellten Gondwana-Kohlen Indiens, Südafrikas, Südamerikas und Australiens fehlt der Wurzelboden in aller Regel. Eine Allochthonie dieser z. T. sehr mächtigen Flöze (in Südafrika bis 17 m, *Snyman 1961*; Indien bis 133 m, *Chandra & Taylor 1975*) wird daher fast allgemein zugestanden (*Fox 1931, Gee 1932, Taylor 1955, Putzer 1956, Hoffmann & Hoehne 1956, Taylor & Warne 1958, Booker 1960, Loughnan 1966, Duff 1967, Bharadwaj 1969, Chandra & Taylor 1975*). Ohne Zweifel geht die Gondwanakohle auf treibende Flöße entwurzelter Vegetation von gewaltiger Ausdehnung zurück. Die Realität derartiger »Megallochthonie« wird allerdings von mancher Seite bezweifelt (*Booker 1960, Ahmad 1961*) und von *Stach 1966* in einer gegen *Nilsson 1953* gerichteten Polemik sogar grundsätzlich bestritten. Auf die besondere Bildungsweise der Gondwanakohlen müßte gesondert eingegangen werden. Daß die paläozoischen Kohlen der Südhalbkugel allochthon, die euramerischen Steinkohlen dagegen autochthon entstanden sein sollen, bietet einer geologischen Erklärung beträchtliche Schwierigkeiten.

Dicke von Wurzelboden und Flöz ohne Zusammenhang

Die Tiefe der Durchwurzelung, die vereinzelt bis 7 m und darüber betragen kann (*Bode 1927*), ist kein Maß für die Bildungsdauer der aufliegenden Pflanzenmasse. Über einem mächtigen Wurzelboden lagert mitunter nur ein dünnes Flöz. In seltenen Fällen kann es sogar ganz fehlen. Andererseits kann die Kohle viel dicker sein als der Wurzelboden. Die unterschiedliche Dicke der Wurzelböden ist also nicht biologisch bedingt, sondern muß andere Ursachen haben.

Ton, Quarzsand und Kalk als Wurzelböden

Sehr verschiedenartig ist der Mineralbestand der Wurzelböden. Das gewöhnliche Material ist ein schwärzlicher, violettschimmernder *Ton* (Fig. 44), der durch nachträgliche Pyritisierung noch gehärtet sein kann. Etwas seltener sind Wurzelböden, die aus *Schluff* oder sogar aus reinem *Sandstein* (Fig. 45) bestehen. Der Gesteinstyp des Wurzelbodens kann sogar unter ein und demselben Flöz wechseln. So ist der Wurzelboden von Flöz »Hauptflöz« der Sprockhöveler Schichten im Osten sandig, im Westen dagegen tonig ausgebildet (*Michelau 1967*). Gewisse Wurzelböden, die sog. »Ganister«, bestehen sogar bis zu 99 % aus diagenetisch verfestigtem, reinem *Quarzsand (Wanless 1952, 1975; Honermann, Kiene & Teichmüller 1954, Jessen 1961*), waren also vom Standpunkt der Pflanzenernährung absolut steril. Außer den genannten Materialien kommt sogar *Kalkstein* als Wurzelboden oder in seiner engsten Nachbarschaft vor (Fig. 46), (*Crampton 1906, Weller 1957, Duff & Walton 1974*), (Fig. 47, *Hemingway 1968*). Bei dem zuletzt zitierten Beispiel ist bemerkenswert, daß es sich um eine Meeresablagerung handelt, die Korallen der Gattung *Lithostrotion* und *Lonsdalea* enthält. Daß derart verschiedene Substrate zu Lebzeiten den gleichen Pflanzen, in unserem Fall Lepidophyten, wahllos als Boden dienen konnten, kann ausgeschlossen werden, da jede Pflanzenart hinsichtlich des Mineralgehalts und der Struktur besondere ökologische Ansprüche an einen Boden stellt, wenn er ihr zusagen soll.

Fehlende Oberflächenerosion

Die Wurzelböden sind auch geomorphologisch bemerkenswert. Wenn es sich wirklich um ehemalige Landoberflächen gehandelt hat, die für längere Zeit der erodierenden Wirkung der Witterung unterlagen, so sollte man ein Relief erwarten, in welchem zumindest bescheidene Höhenunterschiede eine Rolle spielen. In Wirklichkeit ist die Oberfläche aller Wurzelböden bretteben – von späteren Faltungen der gesamten Schichtpakete abgesehen. Als Seltenheit kommen lediglich von Fließwasser ausgeräumte Rillen und Auswaschungen vor.

Wurzelböden als Reste einer »Geistervegetation«

Der Mangel an atmosphärischer Erosion sowie das gelegentliche Aussetzen des Wurzelbodens unter einem Flöz führten schon *Weller 1930* zu der Auffassung, daß die durchwurzelten Sedimente *nicht* die Böden der darauf lagernden torfbildenden Vegetation gewesen sind. Er vertrat die Ansicht, daß die Wurzelböden zu einer Pflanzendecke gehören, die der torfbildenden Flora vorausging. Angesichts der zahllosen Schwierigkeiten, das Emporwachsen der Flöze aus den Wurzelböden eindeutig zu belegen, hat sich diese Auffassung in der jüngeren Literatur durchgesetzt (*Jessen 1955, 1961, Wilson 1965, Moore 1968*). *Damit ist der eigentliche Beweis für die Autochthonie der Flöze aufgegeben.* Als bodenständig gilt jedoch weiterhin die Wurzelmasse einer vorausgegangenen nicht mehr feststellbaren »Geistervegetation«.

Fehlendes Bodengefüge

Korngefüge und chemische Zusammensetzung der Wurzelböden sind wiederholt Gegenstand von Untersuchungen gewesen. Rezente Sedimente, die für längere Zeit eine Pflanzendekke getragen haben, besitzen ein Krümel- und Polyedergefüge. Ihre Feldspat- und Glimmerteilchen sind gleichmäßig verwittert, und die verschiedenen Anteile löslicher Mineralstoffe ordnen sich im Boden zu einem charakteristischen Profil. Nur Sedimente mit diesen Eigenschaften erfüllen die Definition echter Böden. Die Wurzelböden des Karbons sind dagegen völlig andersartig. Diese Sedimente besitzen ausnahmslos ein

Fig. 44: *Ein toniger »Wurzelboden« mit mächtigen Stigmarien. Wartenberg bei Witten.*

Fig. 45: *Kreuzgeschichteter Sand als »Wurzelboden«. Joggins-Küste, Nova Scotia.*

Fig. 46: *»Wurzelboden« aus Kalkstein! Joggins-Küste, Nova Scotia.*

Einzelkorngefüge. Zugleich zeigen sie einen auffallenden Mangel an chemischer Verwitterung. Die gegenteilige Behauptung bei *Weller 1930* kann heute als überholt gelten. Die an Wurzelböden ermittelten chemischen Profile lassen sich mit Profilen echter Böden nicht in Übereinstimmung bringen (*Nicholls 1968*). *Schultz 1958*, *O'Brien 1964* und *Wilson 1965* sind zu dem Ergebnis gekommen, daß Wurzelböden bei ihrer Bildung nicht von atmosphärischer Verwitterung bzw. durch die Aktivität lebender Wurzeln beeinflußt worden sind.
Die im Hinblick auf Autochthonie oder Allochthonie gewonnenen Erkenntnisse in den wichtigsten Arbeiten über Wurzelböden sind auf Seite 84 in Tabellenform zusammengefaßt.

Lamination und Miniatur-Kreuzschichtung in Wurzelböden

Wurzelböden aus Ton zeigen im allgemeinen keine Sedimentschichtung. Bedingt durch die starke Setzung des Tons (bis über 40 %), bilden sich an der Grenze von Wurzeln und Ton blanke Gleitharnische aus, entlang derer das Gestein beim Zerschlagen in beliebiger Richtung zerbricht. Wurzelböden aus Schluff oder Sandstein, deren Ausgangsmaterial bei der Ablagerung nur wenig nachsackt, sind dagegen in der Regel deutlich laminiert und entsprechend gut spaltbar (Fig. 48). Besonders in schluffigen Wurzelböden läßt sich gelegentlich sogar eine Kreuzschichtung im Kleinen nachweisen (Fig. 49). Solche Gesteine machen den Eindruck völliger frischer, ungestörter Sedimente. Die Mutmaßung von *Weller 1930*, daß Wurzelböden eine Entwicklungszeit benötigen, die vielleicht an 100000 Jahre heranreicht, steht zu den Beobachtungen an geschichteten Wurzelböden in befremdendem Gegensatz.

Strömungsrippeln unter durchwurzelten Schichten

Als Zeichen der soeben erst stattgefundenen Ablagerung der Wurzelböden findet sich nicht nur Flasertextur (Fig. 50) im Bereich der Wurzeln, sondern es werden unter den durchwur-

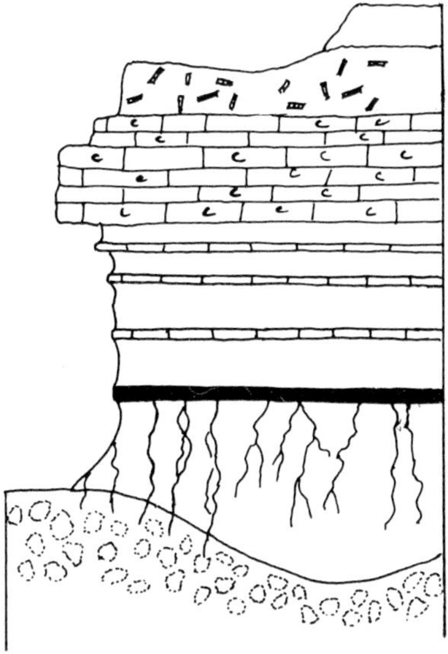

Fig. 47: *Korallenkalk unter einem schottischen Kohlenflöz, z. T. von Wurzeln durchdrungen. (Nach HEMINGWAY 1968).*

zelten Schichten sogar Rippelmarken beobachtet. Von Nova Scotia berichtet *Dawson 1891*: »Einige der Sandsteinlagen direkt unter den Wurzeln weisen deutliche Rippelmarken auf. Sie müssen daher, als die Bäume auf ihnen wuchsen, in jüngster Vergangenheit vom Meeresgrund emporgehoben worden sein...« (Dieser Autor geht selbstverständlich von der Autochthon-Theorie aus.) *Seward 1898* beschreibt ähnliche Sandsteinrippeln unter den Lepidophytenstümpfen des »Fossil Grove« in Glasgow. Ein weiteres Mal wurden Rippeln unter der Basis aufrechter Lepidophyten bei Ardenay (Basse Loire) beobachtet (*Carpentier 1932*). Die Bedeckung und Konservierung von Rippeln an sich ist bereits ungewöhnlich (*Kapitel 5*). Ihre Erhaltung in enger Nachbarschaft zu durchwurzelten Schichten ist nur durch rasche Ablagerung verständlich.

Fig. 48: *Handstück eines geschichteten »Wurzelbodens« als Beispiel eines frischen Sediments. Zwischen den beiden Wurzeln ist eine »Schleppung« der Lamellen zu beobachten, d. h. Setzung* nach *der Ablagerung.*

Gradierte Wurzelböden

Die Sedimentnatur der Wurzelböden kommt auch dann zum Ausdruck, wenn der die Kohle unterlagernde Ton oder Schluff zum Liegenden hin in Sandstein übergeht. Eine derartige Zunahme der Korngröße, oder Gradierung, umfaßt in einem Aufschluß bei Hiddinghausen (Ruhrgebiet) vertikal nahezu 2 Meter. Gradierte Wurzelböden sind auch aus Belgien (*Stainier 1935*), dem südlichen Wales (*Wilson 1966*) und aus den USA beschrieben worden. Aufgrund des unmerklichen Übergangs zum darunterliegenden Sandstein, sowie wegen seiner typischen Sedimenteigenschaften, wird für die Wurzelböden der Flöze Colchester Nr. 2, Crowebury und ihrer örtlichen Entsprechungen ein sedimentärer Ursprung angenommen (*Wright 1975*).

Fig. 49: *Miniatur-Kreuzschichtung in einem »Wurzelboden«. Links die gesägte Rückseite des rechts im Anbruch gezeigten Handstücks. Die Schichtung ist durch Retuschieren hervorgehoben (Dünkelberg bei Witten).*

Fig. 50: *Sandstein als »Wurzelboden« unter dem Flöz von Fig. 43, Ansicht von oben und von der gesägten Seite. Die Flaserschichtung verrät die kurzfristige Ablagerung.*

Gerölle in Wurzelböden

Erfahrene Beobachter des vorigen Jahrhunderts berichten über Quarz- und Quarzitgerölle in Wurzelböden von Leicestershire und South Derbyshire, England, sowie aus dem Coalburg-Flöz in West Virginia, und Indiana (*Gresley 1887, Ashley 1899*). Diese stark abgerundeten Gerölle sind offensichtlich aus großer Entfernung herantransportiert worden. Die Funde sind deshalb bedeutungsvoll, weil ganz ähnliche Rollsteine sogar in der Kohle selbst vorkommen und nur durch starke Strömung transportiert worden sein können.

Pflanzenreste in Wurzelböden

Obwohl die Steinkohle eines Flözes gewöhnlich aus zahlreichen Arten von Lepidophyten, Samenfarnen, Calamiten und Cor-

daiten zusammengesetzt ist, werden die darunter befindlichen Wurzelböden stets nur von Stigmarien mit den anhangenden Appendices durchsetzt (Fig. 51). Die Wurzeln von Baumfarnen, Schachtelhalmen und Cordaites-Bäumen fehlen in den eigentlichen Wurzelböden dagegen vollständig. Aus dem Befund geht hervor, daß die Letztgenannten offenbar nur im Torf über den Stigmarien zu wurzeln vermochten und allein die Verankerung der Lepidophyten unter den Flöztorf hinabreichte.
Die erwähnten Stigmarien waren im Leben rundum mit den als Appendices bezeichneten Anhängen besetzt. Nicht selten findet man sie in dieser ursprünglichen Stellung einsedimentiert (Fig. 52 u. 53). Statt der radialen Anordnung sieht man die Appendices häufig auch auf bestimmte Schichtflächen zusammengepreßt (Fig. 54). Eine solche Lage kann nur durch gewaltsame Verdrückung vor der Verschüttung erklärt werden (*Stainier 1935*).
Die Appendices hatten im Leben einen zylindrischen Bau und waren von innen bis auf einen dünnen Gefäßstrang hohl. Die normalerweise zu Bändern zusammengepreßten Appendices sind manchmal noch mit Sediment ausgefüllt, dessen Aussehen dann von dem des umgebenden Sediments deutlich abweicht (Fig. 55). Diese Ausfüllung kann nur durch Wassertransport bewirkt worden sein.
Wurzelböden enthalten nicht nur Wurzeln, sondern hin und wieder auch Abdrücke von Farnfiedern (*Bode 1927*), Lepidophytenrinde (*Stainier 1937*) oder »Zweige, Stengel und Blätter« (*McMillan 1956*). Es ist schwer verständlich, wie oberirdische Pflanzenorgane in einen Boden gelangt sein sollen, auf dem noch gar nichts gewachsen war, oder wie sie in einem aktiven Boden Jahrtausende unverwest überdauert haben können. Da die Pflanzenteile unbestreitbar allochthonen Ursprungs sind, kann das Gleiche für die Wurzeln geltend gemacht werden. In diesem Zusammenhang sei erwähnt, daß Stigmarien nicht selten auch im Dach der Flöze gefunden werden, wo sie dann mit den üblichen Farnabdrücken usw. vergesellschaftet sind. Die älteste Mitteilung hierüber stammt von *Graf Sternberg 1820–1838*.

Tierreste in Wurzelböden

Wiederholt sind in Wurzelböden die Schalen von Muscheln gefunden worden (*Gresley 1887, Stainier 1940*), die nur durch Wasser dort angereichert worden sein können. Auch der gelegentlich beobachtete Besatz von Stigmarien mit den Kalkbauten von *Spirorbis*, einem rezent nur im Meer vorkommenden Röhrenwurm, ist ein ernstzunehmender Hinweis, daß diese Stigmarien nicht in einem Boden gewurzelt haben können (*Coffin 1969*).

Wurzelböden beweisen Allochthonie

Aus allen mitgeteilten Beispielen geht übereinstimmend hervor, daß die Wurzelböden des Karbons mit den sie enthaltenden Wurzelorganen gleichzeitig abgelagert worden sind. Das bedeutet, daß die flözbildende Vegetation nirgends autochthon aus einem Boden hervorgewachsen sein kann, sondern auf einer Flutwelle reitend über dem mitgeführten Sediment abgesetzt worden sein muß. Hierbei wurde die Unterseite der schwimmenden Matte in die jeweils vorhandenen Sinkstoffe, Ton, Schluff, Sand oder Kalk, einsedimentiert, durch die Stigmarien festgehalten und bei erneuter Überflutung verschüttet. Mit diesem Modell können auch Wurzelböden ohne Flöz sowie Flöze ohne Wurzelböden erklärt werden: Bei zu starkem Auftrieb riß die Matte wieder ab, um an anderer Stelle unter günstigeren Bedingungen endgültig abgesetzt zu werden. Auch die Überlagerung zweier nur durch ein dünnes Bergemittel getrennten Flöze wird auf diese Weise ohne Schwierigkeit verständlich.

Fig. 51: *Stigmarie mit anhaftenden Appendices, Nova Scotia.*

Fig. 52: *Radiäre Anordnung der Appendices um eine mit Sand ausgefüllte Stigmarie, Nova Scotia.*

Fig. 53: *Radiale Anordnung der Appendices um eine Stigmarie in einem quarzitischen »Wurzelboden«, (Alsdorf, Haldenfund)*

Für die Bildungszeit sämtlicher Flözfolgen des Karbons (und Perms) genügt somit die Wuchszeit eines einzigen Flözes von Durchschnittsmächtigkeit, der lediglich die Ablagerungszeit der Zwischengesteine zugerechnet werden muß. Daß auch diese nur kurz war, wurde in *Kapitel 2–5* bereits dargelegt. Die Bedeutung dieser Erkenntnisse für die Zeitbegriffe der Historischen Geologie liegt auf der Hand.
Obwohl die Theorie des bodenständigen Wachstums der karbonischen Kohlenflöze durch die erwiesene Sedimentnatur der Wurzelböden längst widerlegt ist, setzt sich diese Erkenntnis an den wissenschaftlichen Bildungsstätten nur mit Verzögerung durch. Ursache hierfür ist der außer-akademische und nichtrationale Beweggrund vieler Wissenschaftler, die Erdgeschichte nur von der sicheren Warte riesiger zeitlicher Entfernungen aus zu verstehen. Diese Einstellung wird nicht von den Ergebnissen geologischer Forschung diktiert, sondern hat weltanschauliche Gründe.
Mit zunehmender sedimentologischer Kenntnis der Wurzelböden geht der über ein Jahrhundert währende Disput über die Entstehung der Steinkohle seinem Ende entgegen. *Logans* Biograph *Harrington* schrieb 1883: »Logan hatte den Scharfblick, einen Tatbestand zu deuten, der die Frage nach der Entstehung der Kohle zugunsten der Autochthon-Theorie für immer entschieden hat.« Fast zur gleichen Zeit hielt *Gresley 1887* die Wurzelböden für »echte Wasserablagerungen«. In unserem Jahrhundert wurde die Sedimentnatur der Wurzelböden vor allem von *Stainier 1935–1940* mit Nachdruck vertreten, ohne zu ihrer Zeit genügend Beachtung zu finden. Heute hat sich bei allen kompetenten Bearbeitern die Erkenntnis durchgesetzt, »daß ›Wurzelböden‹ mit Sicherheit keine Bodenbildung sind« (*Füchtbauer & Müller 1977*). Die Steinkohlenzeit im Sinne der Historischen Geologie hat offenbar niemals stattgefunden.

Fig. 54: *In eine Ebene zusammengepreßte Appendices als Beweis nachträglicher Verschüttung statt autochthonen Wachstums. (Dünkelberg, Witten).*

Fig. 55: *Mit glimmerreichem Sand gefüllte Appendices im »Wurzelboden« von Flöz Dreckbank, (Wartenberg bei Witten.)*

Die Ergebnisse der wichtigsten Arbeiten über Wurzelböden

Autor	**Jahr**	**Lokalität**	**Ergebnis**
Grim & Allen	1938	Illinois	WB nicht das Produkt atmosphärischer Verwitterung.
Spencer	1955	Illinois	WB zeigen kein Bodenprofil. Sind transportiertes Sediment.
McMillan	1956	Kansas	WB sind Gley-Bildungen, die auch unter allochthoner Kohle entstehen.
Parham	1958	Illinois	Sedimentärer Ursprung der Wurzelböden.
Schultz	1958	USA	Kein Bodenprofil. WB können nicht Böden der Flöze sein.
Huddle & Patterson	1961	USA	WB: Sedimente jeder Art.
Nicholls & Loring	1962	N. Wales	Geochemische Daten widersprechen einem Bodenprofil.
Röschmann	1962	Ruhrgebiet	WB besitzen ausnahmslos Einzelkorngefüge.
O'Brien	1964	Illinois	WB sind Ablagerungsprodukt. Keine atmosphärische Verwitterung. Gradieren ins Liegende.
Parham	1965	Illinois, Ohio	Regionale Variation der Tonmineralien.
Wilson	1965	Wales	94 WB nicht durch in-situ-Verwitterung entstanden. WB nicht die Böden der Flöze.

Anmerkung: Die grundsätzliche Autochthonie der Kohle wird von keinem der Autoren vorstehender Arbeiten bezweifelt.

Literatur

Ahmad, F.: Paleogeography of the Gondwana period in Gondwanaland. Mem. Geol. Surv. India, 90, 1–142, 1961
Ashley, G. H.: The Coal Deposits of Indiana. Indiana Geol. Nat. Res. 23rd Ann. Rept. Indianapolis, 1899
Bharadwaj, D. C.: Lower Gondwana Formations. 6. Internat. Kongreß f. Stratigraphie und Geologie des Karbons (1967), Sheffield, 1969
Bode, H.: Paläobotanisch-stratigraphische Studien im Ibbenbürener Karbon. Abh. preuß. geol. Landes-Anstalt, N. F. 106, Berlin, 1927
Booker, F. W.: Studies in Permian Sedimentation in the Sydney Basin. Techn. Repts. N. S. W. Dept. of Mines (1957), Sydney, 1960
Carpentier, A.: Description d'un sol fossile de végétation de Lépidodendrées (découvert dans la »pierre carrée« du bassin de la Basse-Loire, Bull. Soc. Sc. Nat. Ouest, 54 série, II, 59–64, Nantes, 1932
Chandra, D. & Taylor, G. H.: Gondwana coals. Conditions of deposition. In: Stach's Textbook of Coal Petrology, p. 139 ff. Berlin, 1975
Coffin, H. G.: Research on the Classic Joggins Petrified Trees. Creation Research Society Quarterly, 6 (i), Ann Arbor. 1969
Crampton, C. B.: Fossils and Conditions of Deposit, A Theory of Coal Formation. Trans. Edinburgh Geol. Soc., IX, p. 73 ff. Edinburgh, 1906
Dawson, Sir J. W.: Acadian Geology, London, 1891
Duff, P. McL.: Cyclic Sedimentation in the Permian Coal Measures of New South Wales. Journ, geol. Soc. Austrialia, 14, 293–307, Adelaide, 1967
Duff, P. McL. & Walton, E. K.: Carboniferous Sediments at Joggins, Nova Scotia. 7. Internat. Kongreß f. Karbonstratigraphie, Bd. 2, p. 365–379, Krefeld, 1974
Fox, C. S.: Gondwana System and related formations. Geol. Surv. India Mem., 58, 241, 1931
Füchtbauer, H. & Müller, G.: Sediment-Petrologie, Teil II. Sedimente und Sedimentgesteine. Stuttgart 1977
Gee, E. R.: Geology and coal resources of Ranigunj coalfield. Geol. Surv. India Mem., 61, 317, 1932
Grim, R. E. & Allen, V. T.: Petrology of the Pennsylvanian Underclays of Illinois. Geol Soc. America Bull., 49, 1485–1514, 1938
Gresley, W. S.: Notes on the Formation of Coal-Seams, as suggested by evidence collected chiefly in the Leicestershire and South Derbyshire Coal-Fields. Quart. Journ. Geol. Soc. London, 43, 671–674, London, 1887
Harrington, B. J.: Life of Sir William E. Logan. London, 1883
Hemingway, J. E.: Sedimentology of Coal-Bearing Strata. In: Coal and Coal-Bearing Strata, by *Murchison, D. & Westoll, T. St.*, Edinburgh & London, 1968

Hoffmann, H. & Hoehne, K.: Die allochthone Permkohle von Stockheim/Oberfranken und die Driftkohlen der Gondwanaformation Australiens, Indiens und Südafrikas. Proc. Int. Comm. Coal Petrology, No 2, 62–65, Liège, 1955

Honermann, H., Kienow, S. & Teichmüller, R.: Der erste Ganisterfund im Ruhrkarbon. Glückauf 90, 1418–1420, Essen, 1954

Huddle, J. W. & Patterson, S. H.: Origin of Pennsylvanian Underclay and Related Seat Rocks. Geol. Soc. America Bull., 72, 1643–1660, 1961

Jessen, W.: Das Ruhrkarbon (Namur C ob. – Westfal C) als Beispiel für extratellurisch verursachte Zyklizitäts-Erscheinungen. Geol. Jb., 71, 1–20, Hannover, 1955

Jessen, W.: Zur Sedimentologie des Karbon mit Ausnahme seiner festländischen Gebiete. Internat. Kongr. f. Stratigraphie und Geologie des Karbons 4, Heerlen (1958), Bd. 2, Maastricht, 1961

Keller, G.: Die paläotopographische Bedeutung der Streifenkohlenflöze und der Flözspaltungen für die Genese des Ruhrkarbons. Bergbau-Archiv, 14, 1, Essen, 1951

Loughnan, F. C.: A Comparative Study of the Newcastle and Illawara Coal Measure Sediments of the Sydney Basin, New South Wales. Journ. of Sedimentary Petrology, 36, 1016–1025, 1966

McMillan, N. J.: Petrology oft the Nodoway Underclay (Pennsylvanian), Kansas. State Geological Survey of Kansas, Bull. 119, 1956 Rpts. of Studies, pt 6, 187–249, 1956

Michelau, P.: Ein feinstratrigraphisches Profilband durch die Sprockhöveler Schichten (Namur C) von Blankenstein bis Sprockhövel, Fortschr. Geol. Rheinld. u. Westf., 13, 2, 1109–1196, Krefeld 1967

Moore, L. R.: Some Sediments closely associated with Coal Seams. In: *Murchison, D. & Westoll, T. St.:* Coal and Coal-Bearing Strata. Edinburgh, 1968

Nicholls, G. D. & Loring, D. H.: The Geochemistry of Some British Carboniferous Sediments. Geochimica et Cosmochimica Acta, 26, 181–223, Belfast, 1962

Nicholls, G. D.: The Geochemistry of Coal-Bearing Strata. In: *Murchison, D. & Westoll, T. St.:* Coal and Coal-Bearing Strata, Edinburgh, 1968

Nilsson, H.: Synthetische Artbildung. Lund, 1953

O'Brien, N. R.: Origin of Pennsylvanian Underclays in the Illinois Basin. Geol. Soc. America Bull., 75, 823–832, 1964

Parham, W. E.: The Petrology of the Underclay of the Illinois No 2 Coal, Pennsylvanian, in the Eastern Interior Basin. University of Illinois M. S. Thesis, unveröffentlicht, 1958

Parham, W. E.: Lateral Clay Mineral Variation in Certain Pennsylvanian Underclays. Clays and clay minerals. Proc. of the 12th conference (1963), 581–602, New York, 1965

Putzer, H.: Zur Entstehung der oberkarbonen Steinkohlen im Gondwana von Süd-Brasilien. Zeitschr. d. deutsch. geol. Ges., 107, Hannover, 1956

Roeschmann, G.: Wurzelböden des Ruhrkarbons. Fortschr. Geol. Rheinld. u. Westf. 3, 2, 497–524, Krefeld, 1962

Schultz, L. G.: Petrology of Underclays. Bull. Geol. Soc. America, 69, 363–402, 1958

Seward, A. C.: Fossil Plants for Students of Botany and Geology. Cambridge, 1898

Snyman, C. P.: Die Petrographie Südafrikanischer Gondwanakohlen. Dissertation, Bonn, 1961

Spencer, C. W.: Petrographic Study of the Underclay of the Herrin (No 6) Coal of Illinois. M. S. Thesis, Univ. of Illinois, unveröffentlicht, 1955

Stach, E.: Der Resinit und seine biochemische Inkohlung. Fortschr. Geol. Rheinld. u. Westf. 13, 2, 921–968, Krefeld, 1966

Stainier, X.: Études sur le mur des couches de charbon (1re Note). Ann. Soc. scientif. de Bruxelles, Sér. B., 55, Brüssel, 1935

Stainier, X.: Études sur le mur des couches de charbon (2me Note). Ann. Soc. scientif. de Bruxelles, Sér. B., 57, 175–189, Brüssel, 1937

Stainier, X.: Veines de houille d'origine marine. Ann. Soc. scientif. de Bruxelles, Sér. B., 60, 37–45, Brüssel, 1940

Sternberg, Graf G. K.: Versuch einer geognostisch-botanischen Darstellung der Flora der Vorwelt. Prag, 1820–1838

Stutzer, O. & Noé, A. C.: Geology of Coal, Chicago, 1940

Taylor, G.: Die Beziehungen zwischen Petrographie und Verkokung australischer und deutscher Steinkohlen. Diss. Bonn, 1955

Taylor, G. & Warne, S. St. J.: Some Australian Coal Petrological Studies and their Geological Implications. Proc. Int. Comm. Coal Petrology, No 3, 1958

Wanless, H. R.: Studies of Field Relations of Coal Beds. Second Conf. on the Origin and Constitution of Coal, 148–180, Crystal Cliffs, Nova Scotia, 1952

Wanless, H. R.: Paleotectonic Investigations of the Pennsylvanian System in the United States. Pt. I. Introduction and Regional Analyses of the Pennsylvanian System. Illinois basin region. Washington, 1975

Weller, J. M.: Cyclical Sedimentation of the Pennsylvanian Period and its Significance. Journ. of Geology, 38, 2, 97–135, 1930

Weller, J. M.: Paleoecology of the Pennsylvanian Period in Illinois and Adjacent States. Mem. 67, Geol. Soc. America, Baltimore, 1957

Wilson, M. J.: The Origin and Geological Significance of the South Wales Underclays. Journ. of Sedimentary Petrology, 35, No 1, 91–99, 1965

Wright, C. R.: Environments within a Typical Pennsylvanian Cyclothem. Geological Survey Professional Paper 853, Washington, 1975

Worterklärungen

aktualistisch	Deutung geologischer Vorgänge der Vergangenheit durch gegenwärtig ablaufende Prozesse
Bergemittel	taubes Gesteinsband im Kohlenflöz
Bioturbation	durch Lebewesen hervorgerufene Störung im Ablagerungsgefüge
brackisch	in schwach salzigem Wasser lebend oder abgelagert
Brekzie	aus Gesteinstrümmern aufgebauter Fels
diachronisch	auf eine Gesteinsart angewendet, die durch verschiedene Schichten quer hindurchzieht
diagenetisch	durch chemische oder physikalische Vorgänge nach der Ablagerung verändert
diastrophisch	gewaltsam
Driftholz	zusammengeschwemmte Reste von Holzvegetation
Erosionsdiskordanz	Trennfläche zwischen zwei Ablagerungen, die nicht parallel zueinander liegen
eustatisch	durch Gewichtsausgleich von Meer und Festländern bedingt
extratellurisch	von außerhalb der Erde
Flasertextur	im Längsschnitt welliges Ablagerungsgefüge
Flözscharung	waagrechte Annäherung einzelner Flöze, die normalerweise durch Zwischengestein weit voneinander getrennt sind
fluviatil	im fließenden Wasser abgelagert
Flyschmarken	Eindrücke einer bewegten Auflast in einer noch weichen Oberfläche
Fraktion	eine bestimmte Korngröße

Ganister	englischer Name für eine besondere Art von »Wurzelboden«
gekritzt	durch Gletscher mit Schrammen versehen
gradiert	nach Korngröße sortiert
Horst	Schichtpaket, das über seine Umgebung hinausragt oder dessen Umgebung abgesunken ist
in situ	noch im natürlichen Gesteinsverband befindlich
isochronisch	zur gleichen Zeit abgelagert
klastisch	aus Gesteinsbruchstücken bestehend (wird für alle Korngrößen angewendet)
Korngefüge	Art der Zusammenlagerung von Sedimentkörnern
kristallin	auskristallisierte Gesteinsschmelze nach Art des Granit
Lamination	Feinschichtung
laminiert	feingeschichtet
Lepidophyten	Schuppen- und Siegelbäume der Karbonflora
limnisch	im Süßwasser lebend oder abgelagert
mäandrierend	Flußschleifen bildend
marin	im Meer lebend oder abgelagert
pelagisch	in der Hochsee lebend oder darunter abgelagert
petrographisch	nach Merkmalen der Gesteinsbeschreibung
Pflanzenhäcksel	zerriebene Pflanzenteile auf Schichtflächen
»Pit-and-mound«-Strukturen	»Gruben-und-Hügel«-Strukturen bei Entwässerungserscheinungen von Sand
Polyedergefüge	Gefüge aus vielkantigen Sedimentteilen
polystrat	durch mehrere Schichten hindurchgehend

Porenvolumen	der von Luft, Wasser oder Öl gefüllte Raum zwischen den Sedimentkörnern
rezent	heute lebend oder abgelagert
Rippelschichtung	eine im Längsschnitt wellige Ablagerung
Sediment	das Material eines Ablagerungsvorgangs
Sedimentationsrate	Ablagerungsmenge pro Zeiteinheit
slumping	Rutschung halbfester Sedimentpakete unter Wasser
Spirorbis	Name der spiraligen Kalkbauten eines Röhrenwurms im Seewasser
Substrat	Boden, Unterlage
suspendiert	in Schwebe gehalten
Suspensionsdichte	die Dichte eines in Schwebe gehaltenen Sediments
Synklinaltrog	Ablagerungstrog
tektonisch	durch Erdkrustenbewegung verursacht
Textur	Gefüge eines Gesteins oder Bodens
Transgression	Meeresausbreitung
Trockenrisse	Muster von durch Wasserverlust aufgerissenen Schlammflächen
Turbidit	Ablagerung eines untermeerischen Trübungsstroms
Turbulenz	Wirbelbewegung im Wasser
variskisch	zu einer gewissen Faltungsphase im Paläozoikum gehörig
Zyklothem	eine Folge von regelmäßig wiederholten Ablagerungen

ANHANG: Häufige Fragen zum Karbon

Frage 1:
Ist Steinkohle nicht über das Stadium der Braunkohle aus Torf hervorgegangen?

Antwort: Die Pflanzenwelt der karbonischen Steinkohle bestand aus Bärlappbäumen, Baumfarnen, Riesenschachtelhalmen, Cordaiten und einigen anderen Gewächsen, die insgesamt ausgestorben sind. Die Vegetation der tertiären Braunkohlen dagegen setzt sich aus Laub- und Nadelbäumen zusammen, die in den gleichen Gattungen auch noch heute vorkommen, Der Hochmoortorf heutiger feuchtkühler Klimagebiete wird nicht von Bäumen, sondern von kleinwüchsigen Sumpfpflanzen, vor allem Torfmoos gebildet.

Frage 2:
Lassen sich die Steinkohlenwälder des Karbons mit heutigen Mangrove-Sümpfen vergleichen?

Antwort: Der oft gezogene Vergleich mit Mangroven ist unzutreffend. Mangroven sind Salzwasserbäume mit Stelzwurzeln von z. T. sehr festem Holz, die im Gezeitenbereich tropischer Meere siedeln. Die Karbonvegetation war allem Anschein nach nicht salztolerant und siedelte auch nicht entlang schmaler Küstenstreifen, sondern über sehr ausgedehnte Flächen hinweg. Außerdem drangen die zarten luftgefüllten Wurzeln der Steinkohlenflora mit Sicherheit nicht in einen wirklichen Boden ein.

Frage 3:
Gibt es botanische Hinweise dafür, daß die Steinkohlenvegetation tatsächlich Schwimmwälder bildete?

Antwort: Folgende Gründe können für diese Tatsache angeführt werden:

1. Die Bärlappbäume waren aufgrund ihres hohlen Baues sehr leicht.
2. Der Luftraum des Stammes setzte sich bis in die Wurzelträger (Stigmarien) hinein fort.
3. Die Wurzeln (Appendices) auf den Wurzelträgern folgten nicht dem Geotropismus (der natürlichen Erdwendigkeit im Boden), sondern standen flaschenbürsten-artig nach allen Seiten ab. Diese Stellung ist typisch für untergetauchte Wasserpflanzen.
4. Auch die Wurzeln (Appendices) waren hohl und wahrscheinlich ebenfalls größtenteils mit Luft gefüllt. Ihre Hohlräume kommunizieren nicht mit denen der Stigmarien.
5. Die Appendices bildeten ein dichtes Geflecht von hohlen Schläuchen, mit denen alle verfügbaren Hohlräume im lebenden Karbontorf durchdrungen wurden.
6. Die Appendices konnten an älteren Abschnitten der Stigmarien wie Blätter abgeworfen werden. Dieses Verhalten wäre im Boden sinnlos.

Frage 4:
Bedeutet nicht die oft zu beobachtende Bänderung in Steinkohlenflözen ihr allmähliches Höherwachsen und damit ein beträchtliches Alter?

Antwort: Die Bänderung, d. h. der schichtweise Wechsel in der Beschaffenheit der Kohle kann verschiedene Ursachen haben.

1. Es können tatsächlich Änderungen der Lebensbedingungen während der Zeit der Dickenzunahme eines Flöztorfes eingetreten sein. Auch ein ehemals schwimmender Wald kann vor der Sintflut eine tausendjährige Geschichte gehabt haben.
2. Es können zwei Schwimmwälder übereinander abgelagert worden sein. Das trennende »Bergemittel« ist dann zugleich

Dachschiefer der Unterbank und Wurzelboden der Oberbank.
3. Es können diagenetische (gesteinsumwandelnde) Vorgänge solche schichtweisen Veränderungen in der Steinkohle hervorgerufen haben. Dies trifft vor allem auf die Tonsteine zu, deren Entstehung immer noch unklar ist.

Durch horizontierte Entnahme von versteinertem Karbontorf (Torfdolomit) konnte gesichert werden, daß das Flöz in seiner ganzen Dicke ehemals eine lebende Einheit bildete, die bis zu den Stigmarien und Appendices unter der schwimmenden Torfmatte hinabreichte.

Frage 5:
Wie hat man sich die Ablagerung von Schwimmwäldern übereinander vorzustellen?

Antwort: Da Wasser stets nur eine einzige Oberfläche hat, können die karbonischen Schwimmwälder, die in den Steinkohlenbecken heute übereinander abgelagert sind, ursprünglich nur nebeneinander auf dem Wasser gestanden haben. Zu ihrer Versenkung bedurfte es rasch einsinkender Tröge (Synklinalen), in welche das Wasser angesaugt wurde, das die schwimmenden Pflanzendecken trug. Die Existenz eines solchen Mechanismus wird von der Historischen Geologie geleugnet. Nach 1. Mose 8,2 muß es ein rasches Absinken jedoch gegeben haben, da die entleerten »Brunnen der Großen Tiefe« gegen Ende der Flut von oben her aufgefüllt wurden.

Frage 6:
Weshalb wird die Tatsache, daß es sich bei der Karbonvegetation um Schwimmwälder gehandelt hat, von »der Wissenschaft« nicht allgemein anerkannt?

Antwort: Die Anerkennung der Schwimmwaldnatur der Steinkohlenvegetation käme einer Anerkennung der in der Bibel bezeugten Gerichtsflut gleich. Deshalb bleibt »die Wissenschaft« trotz der erdrückenden Beweise zum Gegenteil bei der Autochthon-Theorie. »Weil sie die Liebe zur Wahrheit (verkörpert in der Person Jesu) nicht angenommen haben zu ihrer Rettung, darum sendet ihnen Gott auch kräftige Irrtümer, daß sie glauben der Lüge.« (2. Thessalonicher 2, 10 u. 11)

Die biblische Wahrheit in der Sprache der exakten Naturwissenschaft

Werner Gitt
Logos oder Chaos
Tb., 192 S., 10 Skizzen, 1 Tab.,
Nr. 82904, DM 12,80

Informationen aus Spezialgebieten der Biologie enthüllen die Logik des Glaubens an Jesus Christus.

Mensch – von Anfang an!

Erich Blechschmidt
Die Erhaltung der Individualität
Tb., 96 S., 17 Abb., davon 3 s/w-Fotos,
Nr. 82912, DM 7,80

Ein Buch voller Fakten zur Humanembryologie.

Geistesgeschichtliche Weichenstellungen

W. J. Ouweneel
Evolution in der Zeitenwende
Tb., 448 S., Nr. 82916,
DM 21,80

Eine wissenschafts-theoretische Kritik des Evolutionsmodells (Teil 1) und dessen geistesgeschichtliche, kulturelle und theologische Wurzeln (Teil 2).

Bitte fragen Sie in Ihrer Buchhandlung nach diesen Büchern!
Oder schreiben Sie an den Hänssler-Verlag, Postfach 1220, D-7303 Neuhausen